The Textbook of Caterpillar

イモムシの教科書

安田 守
Yasuda Mamoru

文一総合出版

まさかイモムシ

僕は生きものを相手にする写真家で、最近はよくイモムシを撮影している。『イモムシハンドブック』[1]という全3巻のイモムシ図鑑をつくり、イモムシが主役の写真絵本も3冊つくった。イモムシについての講演や観察会講師をすることもある。変わった姿のイモムシを見つけては「かっこいい！」と喜ぶイモムシファンだ。

ある日、お隣さんから心配そうに言われた。

「まさかイモムシの写真を撮っていたなんて……。家の中で飼ってるんですか？」

地元のカフェで開催していたイモムシの写真展をたまたま見てびっくりしたそうだ。一般の人にとって、イモムシを撮ったり飼ったりするのは「まさか」なのだろう。

「安田さんは子供のときからイモムシが好きだったんですか？」と聞かれることもある。実は子供時代どころか大人になってからも、嫌いまではいかなくとも苦手で、あえてじっくり見ようとはしてこなかった。だからお隣さんの気持ちも少しはわかるし、僕がこんな本まで書くほどイモムシにはまったのは、たしかにまさかだ。

僕が以前イモムシを苦手にしていたのはどうしてだったのか、思い出してみる。まずイモムシは体が柔らかい。「つぶしてしまうんじゃないか」と心配で指でつかむのを躊躇(ちゅうちょ)してしまう。あるいはイモムシは顔を伏せほとんど動かず、見ていて面白みに欠ける。そのころは種類の見分け方を知らなかったので、名前がわからず親しみがわかない。飼育して成虫まで育てれば調べられそうなのだが、それには時間も手間もかかって面倒そうだ。しかも毒をもつ種類だったら近づきたくないし……。否定的な理由をいくつもあげられるほど、僕にとってイモムシは見かけてもスルーする存在だったのだ。

そんなイモムシ敬遠派だった僕に一つのきっかけが訪れた。ある本の制作のためイモムシを取材することになったのだ。それは昆虫の写真図鑑の企画で、昆虫の卵だけを並べたページとか、一匹の虫が一生の間にした糞を並べたページとか、通常の図鑑にない切り口を集めたものだったが、そのテーマの一つにイモムシを思いついたのだった。「昆虫図鑑に出てくるのはたいてい成虫ばかり、幼虫だけのページがあってもいいな。いっそイモムシがファッションショーでもするようにずらっと並ぶページがあったら面白いかも……。」今思えば、これがイモムシ世界への扉だったのだ。

思いつきを形にするべく、近所の雑木林でイモムシ探しを始めた。すぐに気がついたのは「イモムシはたくさんいる」ということだった。おりしも幼虫ハイシーズンの春。木の葉をめくるとイモムシがつぎつぎに見つかった。その場で種類がわからないもの（ほとんどだ）は連れ帰ることにしてビニール袋に収容したが、袋がみるみるたまって持ちきれなくなった。イモムシは思っていたよりもすごくたくさんいる。そのことがまず新鮮だった。

形態や色彩が想像以上に多様であることもわかった。角のある頭、体から飛び出す突起、長い脚、ハブラシのような毛の束、黄色、オレンジ色、赤色、青色、横縞、縦縞、目玉模様……。それまでの「イモムシってこんなもの」と勝手に抱いていたイメージから外れたものがたくさんいることに気がついたのだ。

虫屋(虫を愛している人)は虫に対する賛辞としてしばしば「いい虫」とか「かっこいい虫」という表現を用いる。見た目に限らずいくつかの要素を含む評価だが、その一つに「標準から外れた特異な姿をしていること」がある。生きもの好きの世界では「変わりもの=いい、かっこいい」である。自分が標準と思っていた姿から大きく外れたイモムシがつぎつぎにあらわれる。これは楽しい。今まで見ようとしてなかったばかりにこんな世界を知らなかったのか……。

「イモムシ、かっこいいじゃん。これは面白いかもしれない」

イモムシは写真との相性もよかった。白い背景でスタジオ撮影してみたところ、色や形の特徴がより鮮明になり、まるでカラフルな衣装をまとったモデルさんを撮影しているかのような(したことはないけれどたぶん似ているだろう)気になった。

きっかけとなったイモムシのページができあがった後もイモムシ熱はつづき、イモムシ図鑑の企画を立てた。フィールドに出てイモムシを探し、連れ帰ってスタジオ撮影し、飼育し、食草を採取しに外へ出かけ、そこでまた新たなイモムシに出会い……がくり返され、仕事部屋に飼育容器が増えていった。当初の苦手意識はいつの間にか大したことではなくなり、それよりもイモムシのことをもっと知りたくなった。僕の〝イモムシな毎日〟はこんな風にして始まっていった。

僕は専門的な研究者ではなく一介のイモムシファンだが、この本を通してイモムシの世界を紹介したいと思っている。僕が観察したこと、目にしたものの意味を知りたくなって読んだ本や論文、詳しい人から聞いた話から、観察のバックボーンとなるような話題を集め、それを観察会や自然講座の場で伝えたときの参加者の反応から練り直し、僕がかっこいいと思うイモムシたちの紹介をおりまぜ、そうやってこの本の中身を作っていった。何より僕自身が「へえー、なるほど」と感心したり、「どうしてこうなってるんだろう?」と不思議に思ったことを、できるだけわかりやすく書いたつもりだ。この本は僕が人前でイモムシの話をするときの授業ノートであり、少し盛って言えば私家版イモムシの教科書といえる。すでにイモムシウォッチングをしているという方には図鑑の副読本として、かつて僕がそうだったように、まだイモムシを敬遠しているという方には、ちょっとのぞいてみようかと思える入門書になるといいなと思っている。

目の前の葉っぱにいるイモムシは、多くの生物とかかわりながら長い歴史を生きてきた野生生物だ。人は物語を通して目の前のものをより深く理解することができる。かっこいいイモムシを案内人にイモムシの物語を読み進めよう。

目次

第3章 そのイモムシ、何食べる？　67

第4章 イモムシは何色？　113

第1章

イモムシって何？

イモムシは石をめくって探す？

ある夏、京都郊外にある保育園の園児とその家族対象の昆虫観察会に講師として呼ばれたときのこと。京都の夏は大変暑かったが子供たちは活発で、最初はバッタやトンボなどの大型昆虫ばかり捕まえていたが、そのうち目立たない小さな虫や葉っぱにいるイモムシにも目がいくようになっていき、最後にはモモスズメという大型イモムシを順番に手に乗せて喜びあうという、イモムシ観察デーになった。

この観察会の下見で、企画者のHさんが歩き始めるなりこんなことを言う。

「イモムシ……っていうことは石をめくって探すやつですよね？」

石の下が生息場所のイモムシ？　何のことだかすぐにはわからず戸惑った。何度かやりとりをしてわかったのは、「石の下のイモムシ」とはダンゴムシらしいということだった。Hさんにとって、イモムシと聞いて思い浮かべるのはダンゴムシだったのだ。

子どもは基本的にイモムシが好きで、少なくとも抵抗感は少ないです。最初は「えー」と言っていた子も、他の子が「かわいい」となでていると思わず手を出してしまうくらいに。大人になると拒否率とその高さが上がっていくのはなぜなんでしょうか。

これもイモムシ？

また別の機会に幼稚園の園長先生と話をしていたら、

「イモムシと聞いて思い浮かべるのはウジムシなの。昔のお便所は汲み取り式だったから、ウジムシがたくさんいるでしょ、どうしてもそれを思い出しちゃって……」

ダンゴムシもウジムシ（ハエの幼虫）もイモムシ。カブトムシやカミキリムシの幼虫をイモムシと呼ぶ人もいる。

いろいろなイモムシ像を聞くと「えっ？」と思う一方で、「なるほど」とも思う。それは「イモムシ」が定義された学術用語ではないからだ。ためしに生物学で使われる用語を網羅した『岩波生物学辞典』(2) を調べても「イモムシ」という項目は出てこない。イモムシは一般用語だから、それぞれの経験や知識にもとづいて使われる。人によって指す意味がちがって当たり前だし、どれもが正解といえる。

では一般的にイモムシとは何を指しているのだろうか。普通の辞書にはイモムシがちゃんと掲載されている。

「いもむし【芋虫】　チョウやガの幼虫のうち、体表の刺毛が顕著で無いもの」[3]

チョウやガの幼虫で毛の目立たないものがイモムシ、これが辞書の説明だ。

ここでチョウやガとその他の虫の関係について簡単に触れておこう。チョウとガはどちらも昆虫の中の鱗翅目（りんしもく）（チョウ目）というグループに属している。先に登場したオカダンゴムシやハエ、この後で登場する生物を含めて関係を整理すると以下のようになっている。

節足動物門
- クモ綱 ─ クモ目　クモ
- エビ綱 ─ ワラジムシ目　オカダンゴムシなど
- 昆虫綱
  - バッタ目　バッタなど
  - カマキリ目　カマキリ
  - ……

生物学的に同じ種類と考えられる基本的なまとまりは「種」といいます。共通する特徴の種は「属」というグループにまとめられ、さらに科、**目**、**綱**……と異なるレベルのまとまりが設定されています。**生物の分類**はこのような階層構造になっています。

甲虫目　カブトムシ、カミキリムシなど
ハチ目　ハチ、アリ
ハエ目　ハエなど
トビケラ目　トビケラ
鱗翅目（チョウ目）　チョウ、ガ

チョウ、ガからみると、ハエやカブトムシは同じ昆虫だが目のレベルで別グループに属していて、ダンゴムシはさらに1段階大きい綱のレベルで別グループであることがわかる。
鱗翅目はその名の通り、成虫の翅（はね）や体が鱗粉（りんぷん）でおおわれるのが特徴だ。名前（学名）のつけられた種だけで世界に約16万種、実際の種数はそれ以上と推定されていて、甲虫目、ハチ目、ハエ目と並ぶ大きなグループだ。日本にはチョウが328種、ガ類が6071種、計6399種が生息するとされている。[4]
イモムシには対になる言葉、ケムシがある。
「けむし【毛虫】　チョウやガなどの鱗翅目の昆虫の幼虫で、体が長毛におおわれているものの俗称」[3]

イモムシ

ケムシ

イモムシ？　ケムシ？

二つを合わせると「鱗翅目（りんしもく）の幼虫で毛の長いものがケムシ、それ以外がイモムシ」ということになる。

イモムシとケムシのちがいは長い毛の有無にあるが、たくさんの幼虫を調べると、そうきっぱりとは分けられないケースが出てくる。身近なところでいえば、モンシロチョウの幼虫などイモムシと呼ばれる幼虫にもよく見ると毛は生えているし、逆に長い毛が生えているが、その量が半端でケムシと呼ぶか迷うようなものもいる。イモムシとケムシの境目は実際はかなり連続的であいまいなのだ。そこで、僕の場合はイモムシもケムシも「鱗翅目の幼虫は全部ひっくるめてイモムシと呼ぶ」ことにしている。この本でこれからたびたび登場するイモムシもその意味で使う。イモムシの種類数イコール成虫であるチョウとガの種類数だから、日本には約６０００種のイモムシがいることになる。

元祖イモムシは誰？

イモムシは漢字で芋虫と書く。なぜ「芋」なのだろう。「芋みたいな

本文中の**日本産鱗翅目 6399 種**というのはある時点までに記載された種（偶産種も含む）の数です。そこから新たに発見、記載されていくので現在も増えつづけています。本書でおおまかに述べるときには約 6000 種としています。

虫だからイモムシなんじゃないの?」という人もいるが、どうもしっくりこない。辞書の中にはイモムシと芋のかかわりについて触れているものもある。

「チョウ、ガの幼虫などで、青虫、毛虫と呼ばれるもの以外のものの俗称。特にスズメガ科のガの幼虫の俗称。サトイモやサツマイモの葉を食べることからこの名がある。体は円筒形でほとんど無毛。尾部背面に角状突起がある。体色は緑色のものが多く、斑紋のあるものもある。日葡辞書(1603~04)「Imomusi(イモムシ)〈訳〉山芋の中に育ちこう呼ばれる虫」[5]

この辞書では「特に」として鱗翅目の中でもスズメガ科というグループの幼虫であること、またイモ類の葉を食べるという条件が示されている。イモムシを芋虫と書く理由は芋の葉を食べることにありそうだ。

芋食のスズメガ科幼虫とは、具体的にはどの種を指しているのだろうか。イモとしてサトイモ、サツマイモ、山芋(ヤマノイモ)が登場するが、イモムシの世界では基本的に植物の種類が違うとそれを食草とするイモムシの種類も変わる。それぞれを食草とする種には以下のものがいる。

元祖イモムシ？

サトイモ　↓　セスジスズメ
サツマイモ　↓　エビガラスズメ
ヤマノイモ　↓　キイロスズメ

辞書でわざわざ「特に」とことわって触れられているのは、かつてはこの3種だけがイモムシと呼ばれていたことを、つまり「元祖イモムシ」であることを示しているのではないだろうか。

そこで時代をさかのぼり、約300年前の江戸時代の百科事典である『和漢三才図会』[6]という書物で調べてみよう。

これには鱗翅目の幼虫を指すことばとして、たとえばカイコやシャクトリムシ、ミノムシが掲載されている。記述を読むとその対象は今とほとんど同じだったことがわかる。

一方で今ではほとんど使われない「ハクイ

『和漢三才図会』に登場する鱗翅目の幼虫を指す用語で正体不明なのが「クコノムシ」というものです。日本で該当するものが思い浮かびません。『和漢……』は中国の『本草綱目』を元にしているので、中国に分布する種なのかもしれません。

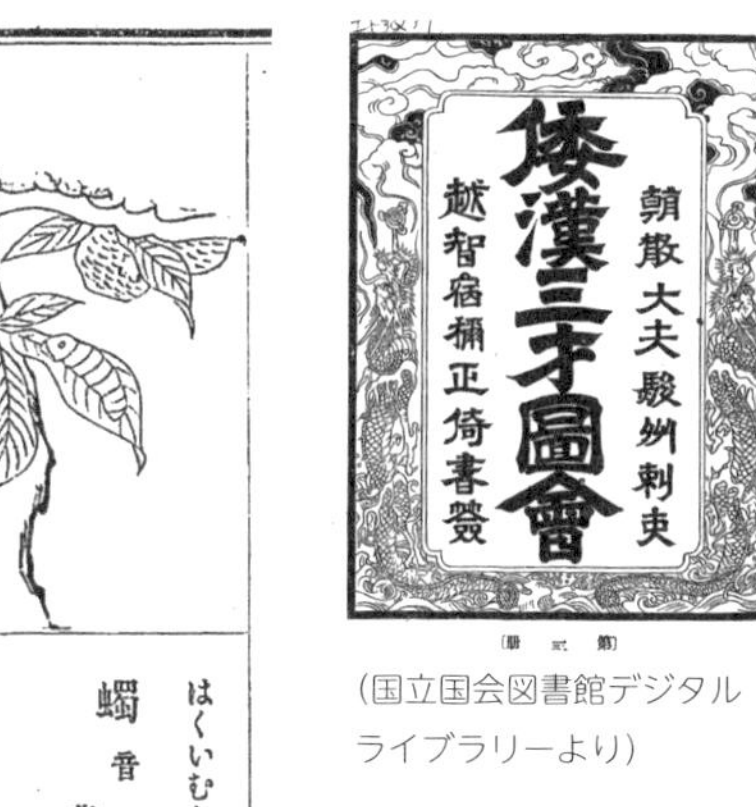

はくいむし　蠋　波久比無之

蠋　音

芋蟲　以毛無之

本綱蠋似蠶而在樹上食葉者
△案是亦有數品在柚柑之類者似蠶而黒黄斑色小者二三分大者寸許形不甚肥着葉裏竊嚙切其葉後羽化成蝶又有正青而肥大者觸物則出角兩角微小皆有柚柑椒之氣甚臭也其青而有白輪紋者羽化爲鳳蝶（凡蝶遺印於柚柑葉孚爲蠋蠋復裂爲蝶出飛去也卵生化生輪廻蠋好葉蝶好花）

芋蟲　嚙芋葉俗呼爲芋蟲正青色肥大或有黒者有青黄班者有背淺黄腹白者共無角有硬刺反曲如鉤胸六手對生小而似爪腹以下八脚對生小而圓如肬

(国立国会図書館デジタルライブラリーより)

『和漢三才図会』のイモムシ

ムシ」という用語が出てくる。「蚕に似ていて、樹上にあって葉を食うもの」とあることから、当時はこれが広く鱗翅目幼虫を指す名前だったようだ。そして肝心の「イモムシ」はこのハクイムシの特別バージョンという位置づけで登場する。

「イモムシ　芋の葉を嚙る。俗に芋虫と呼ぶ。正青色で肥大。あるいは黒いものもあり、青黄斑のものもあり、背が浅黄で腹の白いものもある。ともに角はない。硬い刺があり、反り曲っていて鉤のようである。胸に六手が対生しているが小さくて爪のように見える。腹以下に八脚が対生しているが小さくて円く肬のようである。」(6)

ここには、大きな体や「鉤のように反り曲

エビガラスズメの色彩変異

った刺」（尾角）といったスズメガ科幼虫の特徴が書かれている。また食性として「芋の葉をかじる」ともある。やはりこの時代においてイモムシといえば芋を食草とするスズメガの幼虫を指していたのだ。

体色についても細かく記されていて、「正青色」「黒い」「青黄斑」「背が浅黄で腹の白い」などの色彩変異がある点が注目される。色彩変異が大きいことは先の3種の中ではエビガラスズメに当てはまる特徴だ。エビガラスズメが元祖イモムシなのだろうか。

ところが食草の植物側から考察するとそう言いがたい面がある。エビガラスズメの食草サツマイモは1597年に宮古島に初伝来しているが、全国に広く普及するのは1734年に青木昆陽が各地に伝えて以降とされている。[7] それよりも20年ほど前、『和漢三才図会』が出版された1712年当時は沖縄と鹿児島限定の作物だった。なのでこれを食草とするエビガラスズメが各地の畑で目立つ存在だったとは考えられない。一方、ヤマノイモはもともと日本に自生し、またサトイモは縄文時代中期ころ伝播したとされているので、これらを食草とするキイロスズメやセスジスズメは畑で普通に見られたはずだ。

もっともこれらの幼虫は畑の作物だけでなく野生植物にも発生する。

エビガラスズメなどは主に人里近くで見られ、森林や山地に行くとむしろあまり見られない「畑虫」です。食草植物の生息環境や成虫の行動などが関係しているのでしょうが、だからこそ特に人の目に触れやすく、元祖イモムシな存在になったのでしょう。

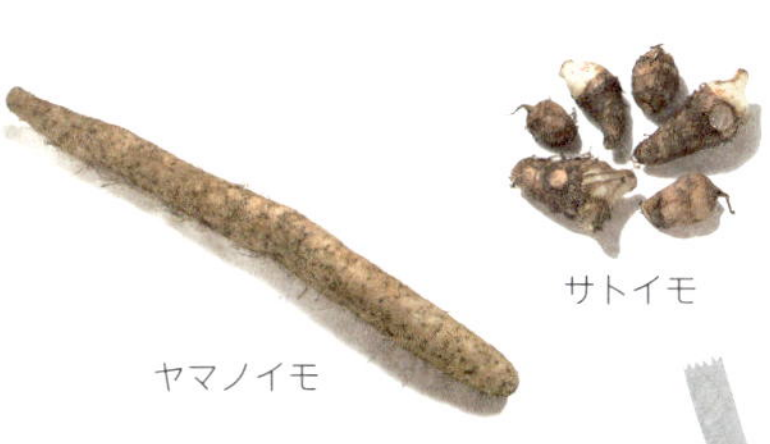

昔からあるイモはどれ？

エビガラスズメはヒルガオなど、セスジスズメはテンナンショウやヤブカラシなど、キイロスズメはオニドコロにも発生するから（むしろこれらの方が先だ）、江戸時代の野山を歩けば3種ともちゃんと見られたはずだ。

そういうわけで元祖イモムシをこれ以上絞り込むことは難しく、あるいは3種をまとめて芋虫と呼んでいた可能性もある。これらは体の大きな幼虫であり、畑の芋という人の暮らしに近いところにいて目につきやすい存在であったことから、「芋虫」という特別な名前で呼ばれるようになったのだろう。

その後、「イモムシ」は時代とともにその意味が変化していった。途中では芋虫に似たスズメガ科の幼虫全般を指したりしただろうし（先の辞書の記述はそうなっている）、さらに他の「ハクイムシ」も含むようになって、広く「毛の目立たない鱗翅目（りんしもく）幼虫全般」を指すようになっていったのだろう。

僕たちが彼らのことを今でもイモムシと呼んでいるのは、かつて人々がその言葉に対してもっと具体的な「芋の葉を食べる害虫としての元祖イモムシ」のイメージを抱いていたことの名残なのだ。

イモムシの絵を描く

「イモムシを絵で描いてみましょう」

昆虫やイモムシについての講座をすることがあるが、そんなとき参加者にまずとりくんでもらう課題がこれだ。写真や本を見ないで記憶にあるイモムシの姿を絵にしてもらう。

「えー!」「どうなってたっけ?」

イモムシは身近だから誰でも一度は見たことがある。でもその体を正確に描けるほど観察したことのある人はなかなかいない。知っているつもりが実はちゃんと見ていないことを確認してもらういじわるな課題だ。こう書いている僕だって、イモムシにはまる前にはもちろんさっぱり描けなかったと思う。もしも細部まで描けるならイモムシをよほどじっくり観察した経験のある人と判定できる、リトマス試験紙のような問題でもある。

次ページに小学生から大人までによる「イモムシの絵」の作例を紹介している。これらを見比べながらイモムシの体のつくりがどうなっているかを見ていくことにしよう。

まず体の外形の描かれ方には大きく二つのパターンがあることがわかる。ソーセージのような一本の長い棒として描く人と、串団子のように円を連ねて描く人だ。実際のイモムシの体はたくさんの節が連なった構造になっているが、それを強く意識すると後者に、大きなま

絵のイモムシでよく描かれるアンテナ的な触角。本書使用のアイコンもそうなっています(脚の配置も……)。実際の触角は場所も形状も違う(26ページ)のですが、そのようにイメージする人が多いのは絵本のキャラクターなどの影響でしょうか。

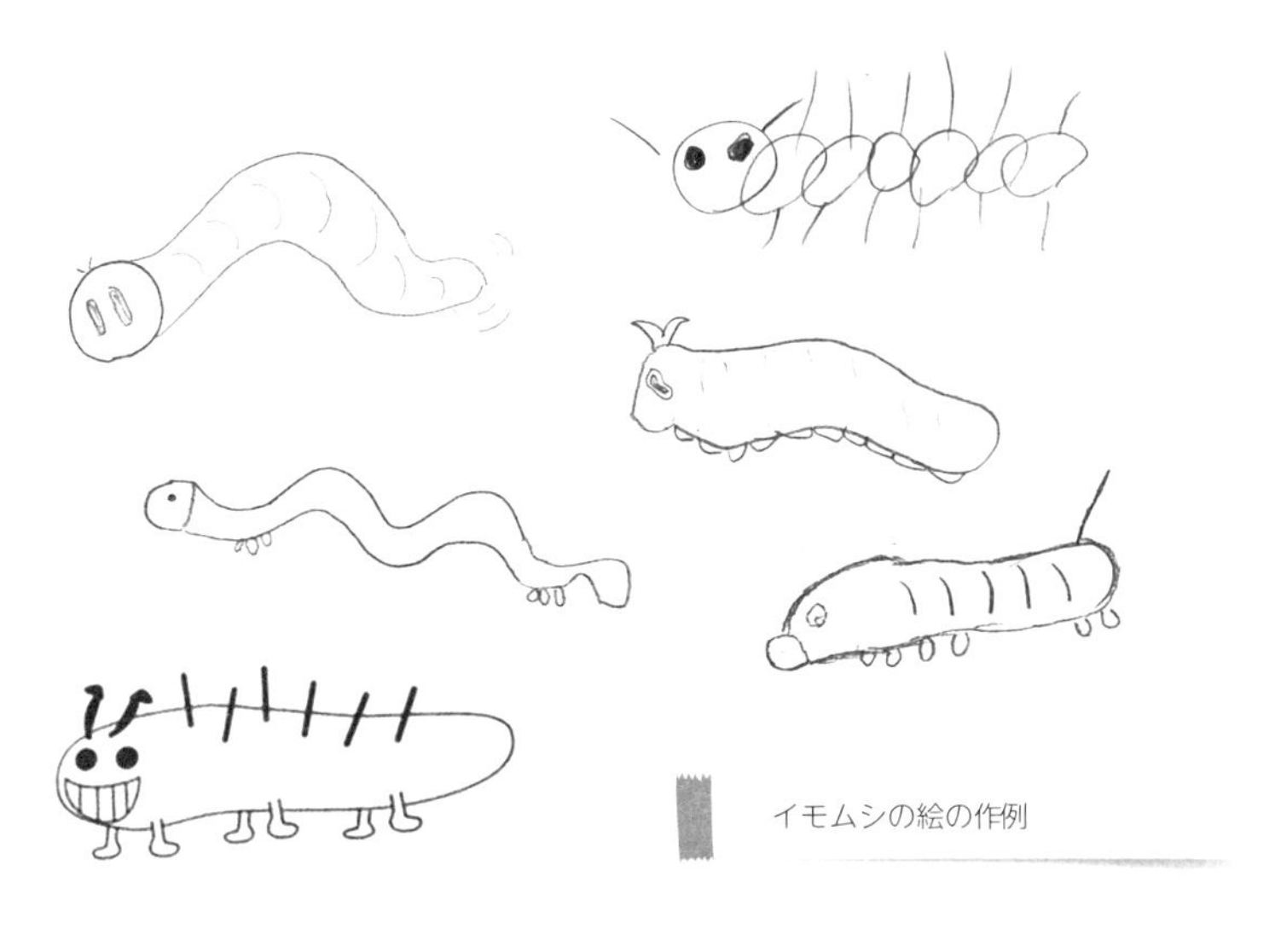
イモムシの絵の作例

とまりでとらえると前者になる。
体の外形を描いた後に多くの人が悩むポイントが二つある。顔と脚だ。まず体の前方を顔にすべく、たいていの人は眼を描く。多くの人はイモムシの眼など観察したことがないので、ポツンと小さな点を描く人もいれば、白目と黒目のあるヒトのような目玉を描く人もいる。口や触角（なぜかアンテナ状に描く人が多い）を描き加える人もいる。
顔が描けたら脚だ。これも実際に観察したことがあっても見えにくい場所なので、どうなっているのかわかりにくい。だから数はいろいろだし、形も棒状、四角形、半円形、人の足形など様々で、脚をまったく描かない人もいる。実際のイモムシの脚はどうなっているのだろうか。

イモムシの脚は何本？

脚（あし）の配列やつくりはイモムシを特徴づける大事なポイントなので、お絵描きにつづいてこんな問題を考えてもらうこともある。

「イモムシの脚は何本？」

［0本、6本、10本、16本、20本］

挙手してもらうと10本、16本、20本が多数になることが多い。「正確な数はわからないけど、たくさんあったはず……」というイメージの人が多いのだと思う。

実際のイモムシの体のつくり、脚の数を見てみよう。左の写真の3種は体色、毛や突起の有無などずいぶん違うように見えるが、脚の配列だけはまったく同じだ。

前から順に、まず頭部があり、それから後ろは区切りのある似たような節（せつ）（体節）が連なっている。はじめの3節の胸部（胸節）、それにつづく10節の腹部（腹節）、合わせて計13節の胴部だ（最後の方は境目がわかりにくいが）。体節と脚との関係に注目すると、節一つにつき2本（左右各1本）の脚、これが基本になっていることがわかる。ただしすべての節に脚があるわけではなくて、いくつか脚のない節がある。前から順に節と脚の有無を模式的に

昆虫の体節の名称は規則的に決まっています。胸部の節は前から第1胸節、第2胸節……、腹部は第1腹節、第2腹節……という具合です。胸部については別に前胸、中胸、後胸という呼び名もあります。

イモムシの脚（上からアゲハ、ミスジチョウ、クワゴマダラヒトリ）

あらわすと、

頭部	胸部	腹部
○	●●●	○○●●●●○○○●

となっていて、先の「何本？」の答えは「2＋2＋2＋2＋2＋2＋2＋2＝16本」となる。配置に注目すると、前方（第1〜3胸節）に6本、後方（第3〜6腹節と第10腹節）に10本というまとまりになっていて、6・10ともあらわせる。実際には例外もあるのだが、細長いイモムシも、丸っこいイモムシも、もじゃもじゃの毛虫でも（脚は見えにくいが）、イモムシの脚はこの「6・10の配列で計16本」が基本だ。後で紹介するようにハチやハエ、甲虫など他のグループとはちがい、イモムシだけがもつ重要な特徴となっている。

コバネガの1種

イモムシの脚(あし)はなぜこのような配列をしているのだろう。脚のない体節が存在することはどう考えたらいいのだろうか。

そのヒントとなるような、脚がこれよりも少し多いイモムシが知られている。アメリカ大陸に分布するメガロポゲイラガ科とダルセライラガ科の幼虫は「6・14」の配列で計20本の脚があり、[4] またコバネガ科の幼虫は「6・16」の配列で計24本の脚があるという。[8]

これら脚の多いイモムシの存在は脚の配列の歴史を想像させてくれる。もっとも脚の多いコバネガ科というのは鱗翅目(りんしもく)の中でも原始的であるとされているグループである。イモムシもかつてはコバネガ科のように今よりも多くの体節にちゃんと脚がついていて、どこかの時点で一部の脚の消失が始まり、次第に16本になるまで省略されていったということなのではないだろうか。

脚の数が14でも18でもなく16という数になった理由についてはわからない。生物の体の部品の数には説明のつかないものがたくさんある。たとえば哺乳類の首の骨（頸椎(けいつい)）はヒトもキリンもイルカもみな7個だ。この7という数は機能的な意味というよりも、ある時点で7個になり、大きな不都合がなかったので受け継がれてきたということなの

クジラ、イルカの中には**首の骨**が見かけ上、7個より少ないものがいます。泳ぐときの水圧に耐えるためでしょう、いくつかが癒合しているのです。一方、シロイルカなどでは基本形の7つの骨に分かれていて首を自由に曲げることが可能になっています。

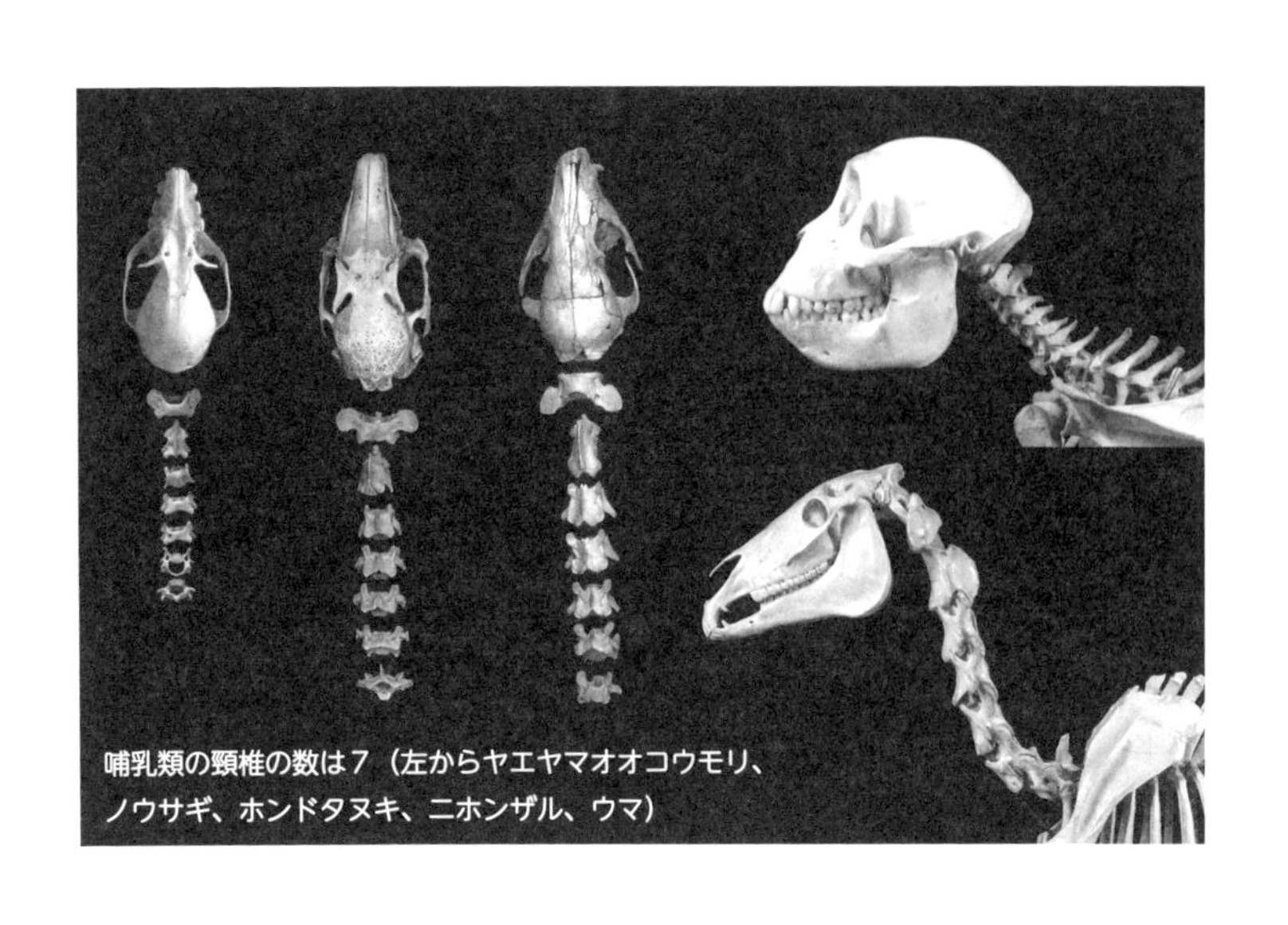
哺乳類の頸椎の数は7（左からヤエヤマオオコウモリ、ノウサギ、ホンドタヌキ、ニホンザル、ウマ）

だろう。共通の歴史を受け継ぎながら、くらしに合った多様な体をつくる、それが生物の歴史だ。イモムシの脚の数も同じなのだと思う。体節構造と脚の配列の基本的なしくみを保ちながら、それぞれのくらしに合わせた体をつくり上げてきたのだ。

昆虫のしるし、イモムシのしるし

先に「イモムシの脚は何本？」の正解を「16本」とした。だが視点を変えると「6本」ももう一つの答えといえる。

先の写真をもう一度よく見ると、前方の6本の脚と後方の10本の脚では形がずいぶん違うことがわかる。前方の6本は先端がとがる

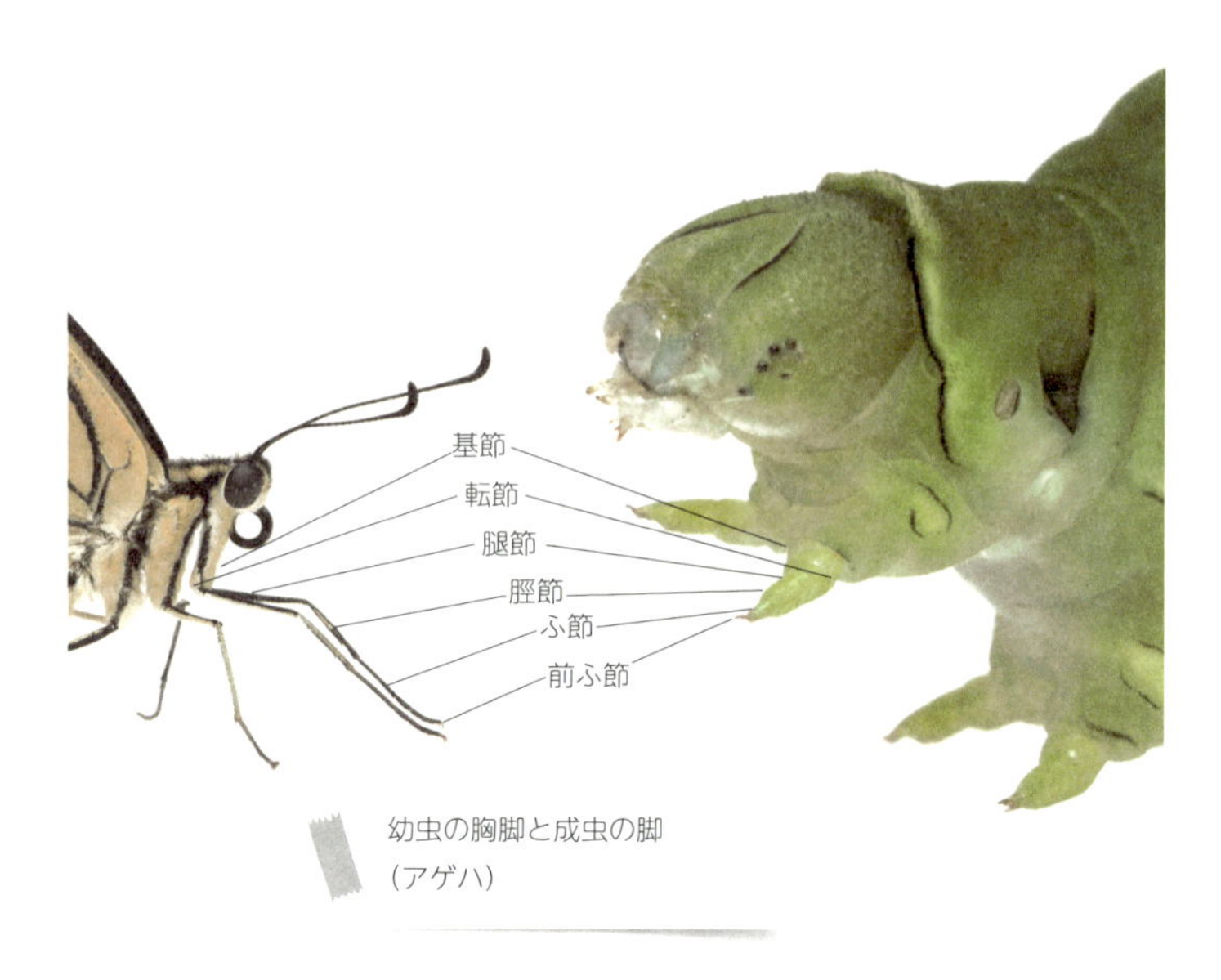

幼虫の胸脚と成虫の脚
（アゲハ）

かぎ爪状、後方の10本は太短い円柱状で、名称も前方のものは胸脚、後方のものは腹脚と呼んで区別している。個別に示すときには第1胸脚（第1胸節についている）、第3腹脚（第3腹節についている）などと呼び、最後尾の第10腹脚は尾脚ともいう。

両者は形だけでなくつくりも異なっている。それは成虫の脚と照らし合わせるとよりはっきりする。成虫の脚は6つの節からできているが、幼虫であるイモムシの小さな胸脚にもちゃんと同じ数の節がある。イモムシの胸脚は成虫の脚に相当し、本当の脚はこの6本だけともいえる。6本脚は昆虫であることの証だ。

イモムシの脚は大変小さいので、このような構造を肉眼で観察することは難しいが、それが比較的わかりやすい例がある。シャチホ

腹脚のつかむ力は特にヤママユガ科やスズメガ科などの大型種で強く、枝から無理やり引き離そうとすると体を傷つけてしまうこともあるほどです。腹脚を一本ずつ開くようにするか、自分で歩き出すまで気長に待つようにします。

胸脚が長いシャチホコガ

コガだ。シャチホコガは胸脚が極端に長く、およそイモムシらしくない姿をしている。長すぎるからか歩行にはほぼ役立たず、第5章で紹介するように威嚇行動用に発達したものらしい。この脚にはちゃんと関節があり、曲げたり伸ばしたりすることができる。通常は折りたたんでいて、いざというときにパッと伸ばすのだ。これができるのも関節があるからで、イモムシの胸脚はちゃんとした脚なんだと理解することができる。

では後方にある腹脚の存在はどう考えればいいのだろうか。

役割という面から考えてみよう。幼虫と成虫ではその役割はきっぱりと分かれている。成虫は移動分散して配偶者と出会い、子孫を残す役割をになっているのに対して、幼虫は食物を食べ、成長し、成虫になることが第一のしごとだ。そのためイモムシの体には大きな消化器官が必要で、ほとんどが腹部といっていいくらいのプロポーションをしている。同じ腹部の大きい幼虫であっても、これがたとえばカブトムシの幼虫やカミキリムシの幼虫ならば平らなところを歩き回らないので特別な脚のしくみは必要ない。腐葉土の中にコロンと転がり、あるいは朽木のトンネルにおさまっていればいい。

ところがイモムシはそうはいかない。生活場所である植物の葉や枝を

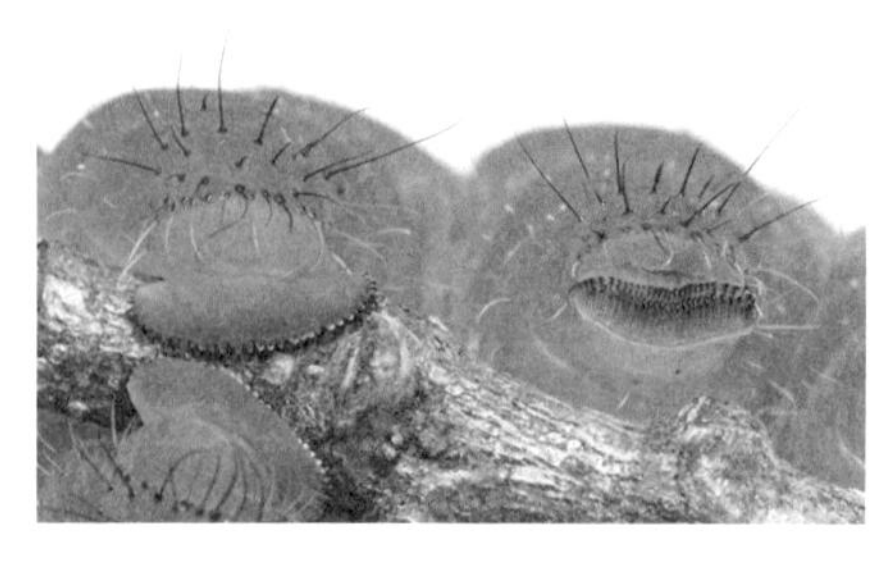

ヤママユの腹脚

歩き回らなければならないが、大きな腹部をもつ体を前方の6本の胸脚だけで支えるには無理がある。そこでイモムシはお腹にものをつかむ器官をもつようになった。それが腹脚だったのだ。

腹脚は本当の脚ではないから胸脚のような節構造がない。いわばお腹の一部を脚的な役割ができるよう変形させたものなのだが、それでも太短い中にちゃんと筋肉が走っていて、動かし、ものをつかむことができる。先端にはごく小さな鉤爪が並んでいて、枝をつかむときの滑り止めや絹糸を引っ掛ける役割をになっている。大型のイモムシを手にのせると、ひっかかるような、吸い付くような感じを受けるが、これが腹脚先端の鉤爪のはたらきだ。鉤爪の並び方はグループによって異なっていて、環状、半環状、二列横帯状、半環状、縦帯状などがあり、それぞれの生活様式と関連があるといわれる。[4]

イモムシの腹脚はいうなれば「偽の脚」だが、イモムシの生活を成り立たせるためになくてはならない画期的な発明だったのだ。腹脚をもつことはその幼虫がイモムシ（鱗翅目の幼虫）であることをあらわす証だ。

シャクトリムシは動きがユーモラスで観察会でも人気があります。でもそれは目立つということであり、天敵に見つかりやすいということも意味しています。そのリスクを上回るほどに枝状の体は擬態効果を発揮しているということなのでしょうか。

例外のイモムシたち

イモムシの脚はみな16本で配列は6・10、以上、と言い切れるとすっきりするのだが、例外があるのもまた多様性をほこる昆虫の世界。数が増えることはめったにないものの、腹脚の一部が縮小したり消失したりするものはかなり見られる。

脚数例外の代表がシャクガ科だ。腹脚を思い切って省略していて、先程の模式図であらわせば、

○|●●●|○○○○○●○○○●

となる。基本の配列から第3、4、5腹節の6本が消失して体の真ん中付近に脚がなく、前と後に脚がまとまった6・4システムになっている

そのため、シャクガ科の幼虫は普通のイモムシが歩くように脚を前から後ろに順に進めることができない。前群の脚で枝をつかんだら体を折り曲げるようにして後群の脚をひきよせて枝をつかみ、次は前群を離して体をまっすぐにのばし遠くの地点をつかみ……を繰り返すことで歩く。この様子が指で長さを測る仕草を思わせる独特の動きになることからシャクトリムシ（尺取虫）の呼び名がある。ちなみに英語ではインチワームやルーパーと呼ぶ。「イ

シャクガ科イモムシの歩行
（チャバネフユエダシャク）

ンチはかり虫」、「輪っか虫」という感じだろうか。

シャクガ科ももともとはもっと多くの腹脚があったであろうことを想像させてくれるシャクトリムシがいる。カバシャクである。

カバシャクは北海道と本州の山地だけに生息し、成虫が早春に出現する昼行性のシャクガで、幼虫はシラカバなどの葉を食べる。日本産800種という大所帯のシャクガ科にあって、カバシャク亜科はカバシャクとクロフカバシャクの2種だけだ。カバシャクの幼虫はシャクトリムシというより普通のイモムシのように見える。腹脚がちゃんとそろっているからだ。

○●●●○○●●●●○○○●

何を隠そう、僕もイモムシ初心者のころは**セミルーパー**の幼虫を見つけては「シャクガ科だな」などと知ったかぶりをしていました。図鑑でシャクガ科を調べてもわからず「不明」なままに終わる、ということを繰り返していました。

シャクガらしくないカバシャク

カバシャクはシャクガ科であるにもかかわらず、イモムシの基本形である16本の脚（あし）をもっている。シャクガ科も今は脚が少なくなったけれど、元々はこうだったのだろうと想像させてくれる存在なのだ。ちなみに実際に観察すると、歩行時にはちゃんと「尺をとる」動き方をするので、脚は多くてもやはりシャクガ科なんだなと納得することができる。

腹脚が基本形より少ないものはシャクガ科以外にも見られる。ヤガ科ではいくつかの亜科で脚が欠けるものを含んでいて、ベニコヤガ亜科、アツバ亜科、キンウワバ亜科では第3、4腹脚がない。またコブガ科コブガ亜科では第3腹脚を欠いている。

ヤガ科ベニコヤガ亜科、アツバ亜科、キンウワバ亜科

○｜●●●｜○○○○●●○○○●

コブガ科コブガ亜科

○｜●●●｜○○○●●●○○○●

これらヤガ科やコブガ科の脚の少ないイモムシたちも歩行時に尺を

チャバネフユエダシャク（シャクガ科）

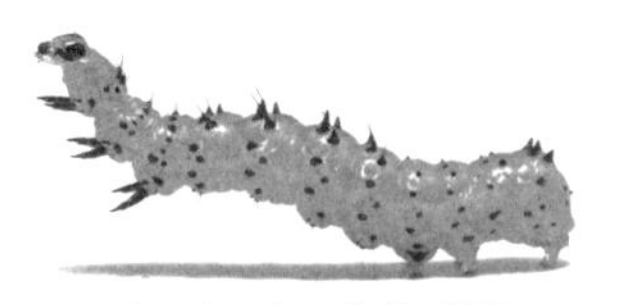

ウリキンウワバ（ヤガ科）

クワエダシャク（シャクガ科）

モモイロツマキリコヤガ（ヤガ科）

腹脚の少ないイモムシ

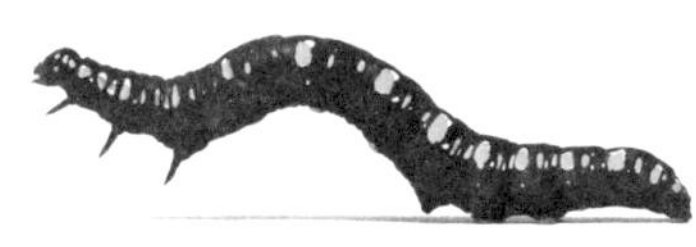

ヒメエグリバ（ヤガ科）

とる動作を見せる。シャクガ科に似ていることからセミルーパーと呼ばれ、動いているところを見るとシャクガ科の幼虫かなと思ってしまう。しかし脚の数と配列を調べると、シャクガ科よりも脚が少し多いので識別することができる。

脚の数と配列はそのイモムシがどのグループ所属なのかを知る手がかりにもなる。

イモムシモドキなハバチ類

野外で観察していると、イモムシによく似た幼虫を見つけることがある。一見イモムシに似た鱗翅目以外の幼虫を、ここでは「イモムシモドキ」と呼ぶことにしよう。

イモムシモドキの代表といえばハチ目のハバチ類の幼虫たちだ。細長い円筒形の体をし

ハバチにもなかなか興味深い姿をしているものがいて、イモムシ界のアゲハモドキのように白いロウ状物質で覆われたものや、褐色と白色の見事な鳥糞配色をしているものなどは野外で見つけると「オッ」とうれしくなります。

マツノキハバチ

成虫

幼虫

ていて、緑色、褐色、黒色などの体色（ときに黄色やオレンジといった目立つ色のものもいる）をしている点もイモムシとよく似ている。実際、僕も「こんなイモムシ初めてだ！」と喜んだのに、よく見たらハバチの幼虫だったという見間違いをすることがある。

ハバチ類には、バラの葉に集団で発生し独特のポーズで反り返るチュウレンジバチや、初夏にアケビで見られる水玉模様のアケビコンボウハバチ、アカマツなどを集団で暴食して丸裸にするマツノキハバチなど、身近で目立つものが含まれている。ためしにこれらの幼虫を連れ帰って飼育すると、成虫になって出てくるのはチョウやガではなくハチである。観察会でハバチ類の幼虫を「これはハチです」と説明すると驚かれることがあるが、多くの人にとってのハチのイメージはミツバチやスズメバチであって、花の蜜や花粉あるいは他の昆虫を食べるイメージが強いのだろう。しかしハチにもいろんな種類がいる。幼虫が植物の葉を食べる方向へと進化したグループがハバチ類だ。

ハバチと呼ばれる植物食のハチには、ナギナタハバチ科、ヒラタハバチ科、ミフシハバチ科、コンボウハバチ科、マツハバチ科、ハバチ科などいくつかの科が含まれる。葉上に単独でいるもの、集団で生活

ハバチ類の幼虫

するもの、ロウ状物質で覆われているもの、葉の組織内部を食べ進む潜葉性のものなど、まるで鱗翅目（りんしもく）のイモムシに見られるように生態的にも様々なタイプがある。

イモムシとハバチ類幼虫はよく似ているので混同しがちだが、両者を見分ける一番のポイントは脚（あし）の数にある。

たとえば写真のウスキモモブトハバチで数えてみると脚は全部で22本もある。一般にコンボウハバチ科やハバチ科では胸脚（きょうきゃく）にくわえて、腹脚（ふくきゃく）が第2〜8（ときに第2〜7）・10腹節（ないものもある）にあり、計18〜22本、ミフシハバチ科では、腹脚が第2〜6腹節にあるもの、第2〜7腹節にあるもの、第2〜8・10腹節にあるものがいて、計18〜22本の脚があるという。[9] ハバチはイモムシよりも脚が多いのだ。

イモムシの顔とハバチの顔、個人的にはイモムシの方がかわいく見えます。ハバチのキョトン顔もいいのですが、イモムシの眼が左右側面下方に離れているのがいいと思うのです。もちろんこれはイモムシ屋の勝手なひいき目です。

ハバチ（ウスキモモブトハバチ）

イモムシ（ヤママユ）

ハバチとイモムシの比較

先ほどの模式図であらわせば次のようになる。

頭部｜胸部｜腹部

コンボウハバチ科、ハバチ科

○｜●●●｜○●●●●●●◐○◐

ミフシハバチ科

○｜●●●｜○●●●●◐◐◐○◐

イモムシとハバチでは顔も違う。ハバチの顔はイモムシの顔と比べて何となく「きょとん」とした表情に見えないだろうか。その印象のちがいは眼のちがいによるところが大きい。ハバチの眼はポツンとした一つの点、単眼になっている。先に紹介した「イモムシの絵」では、黒い点がひとつ描かれることが多いが、それではむしろこのハバチの印象になってしまう。実際のイモムシの眼はちょっと違う。頭部を拡大すると側面下部に小さな点（個眼、単眼とも）が散らばっているが、これがイモムシの眼だ。数は6個が基本で、退化や融合してそれより数が少ないものもいる。実際に眼の数を正確に数えるのは難しいが、ポツンと一点だけの眼は先に書いたように「きょとん」という顔の表情に見えるので、慣れれば顔の印象だけでも「あ、イモムシでなくハバチだな」とわかるようになる。

その他のイモムシモドキ

イモムシモドキはハエ目や甲虫目にも見られる。

ハエ目には一般にウジムシと呼ばれるような白〜乳白色で脚（あし）のないタイプが多いが、中にはイモムシ的な姿のものも見られる。

僕が実際イモムシと見間違えたものにシリブトガガンボがいる。林道脇の湿った崖に生えているコケで見つけたその幼虫は、緑色と褐色が混じった色彩で突起がたくさんあり、いかにもコケ的な姿をしていた。このときはコケや地衣類にいるイモムシに凝っていたので、このはじめて見る姿に喜んだのだった。ところがしばらくして冷静になると雰囲気が違うと思い始めた。

一般に昆虫の幼虫を同定するのは難しいことです。情報は少なく、ハチやハエなどの幼虫はどれも同じように見えてしまいます。その点、イモムシは体色、斑紋など見た目の特徴がはっきりしている点でむしろ調べやすい幼虫と言えるかもしれません。

家に帰ってから図鑑をめくってみると、案の定ハエの仲間に似た姿のものがいることがわかった。[9] 掲載されていたのはミカドシリブトガガンボで、トヤマシノブゴケなどのコケを食べるとあって生態的にも一致する。残念ながら成虫まで育てることができなかったので同定はできなかったが、ハエの仲間にこんなにイモムシ的な姿の幼虫がいることにびっくりしたのだった。シリブトガガンボの仲間にはコケ類だけでなく、被子植物の葉上にいて食べるタイプもあるらしく、こちらは写真でみる限りもっとイモムシ的な姿なのだが、残念ながら僕はまだ実物を見たことがない。

甲虫目では、ゾウムシ科のタコゾウムシ類などはまぎらわしい。

春、シロツメクサでツバメシジミの幼虫を探していたときのこと、葉上でそれらしい幼虫を見つけた。体長13ミリほどで細長い緑色の小判形をしている。いかにもシジミチョウっぽい雰囲気だったが、妙に丸みがあって、体をいつも曲げているのが気になり連れ帰って調べることにした。飼育して10日もすると網状の繭（まゆ）をつくって蛹化（ようか）し、羽化した成虫から判明した正体は、オオタコゾウムシというヨーロッパ原産の外来種ゾウムシであった。甲虫目では他にハムシ科の幼虫も植物の葉を食べて育ち、イモムシ的な姿をしている。これら甲虫類の幼虫は胸脚（きょうきゃく）がしっかりしていて腹脚（ふくきゃく）はないので、やはり脚に注目することでイモムシとは区別することができる。

「イモムシモドキ」な幼虫

ハムシ科幼虫（エノキハムシなど）

頭部 ○ 胸部 ●●● 腹部 ○○○○○○○○○○

トビケラ目にはイモムシ界でいうミノムシのような姿、くらしをしている幼虫たちがいる。彼らは砂や石、落ち葉、枝などを糸でつくった蓑（みの）（筒巣）に入っているが、生息場所は水中だ。

たとえばエグリトビケラは沼や池などの落ち葉が溜まった止水に見られる。水底を長さ4センチほどの落ち葉製の物体がゆっくりと動いていたならば、それがエグリトビケラの蓑だ。落ち葉を楕円形に切り抜いて糸でつづり、全体として円筒形の筒巣をつくっている。トビケラ目の中には、同じ植物片をつかった蓑でも円筒形から円錐形、扁平な形（ヒゲナ

トビケラ目と鱗翅目は共通の先祖から分かれたと考えられているくらいに近縁のグループです。成虫はガに近い姿をしていますが、翅には鱗粉ではなく毛が生えています。そのため毛翅目（もうしもく）とも呼ばれます。

トビケラ類の幼虫

ガガ科の幼虫がつくる巣のようだ）などがあり、またニンギョウトビケラのように小石を使って硬いケースをつくるもの、石の表面に小石をつづり合わせたしっかりした巣をつくるものなどがいる。吐き出した糸を用いて構造物を作り上げ、蛹化にあたって部屋をつくることなど、鱗翅目に近縁なだけあってその習性に類似性が見られるが、蓑の中にいる幼虫自体の姿はかなり異なっている。

これらイモムシモドキは一見イモムシに似ている。異なる系統群にもかかわらず、暮らしぶり（生きた植物の葉を食べる）が共通しているために起こる見た目の類似、収斂の例として興味深い現象だと思う。

第2章

イモムシが大きくなると？

オオカマキリ

成虫　　ふ化幼虫

イモムシはイモムシのまま？

前章で紹介したように、イモムシは鱗翅目(りんしもく)の幼虫なので、成長するとチョウかガになる。ところが「イモムシは大きくなってもイモムシのまま」と考えている人がいてびっくりすることがある。

これがカマキリやバッタのことであればもちろん正しい。幼虫は最初からカマキリやバッタの姿をしていて、大きさや翅(はね)の有無という違いはあるが、成長しても全体の姿はほとんど変わらない。このような成長の仕方は不完全変態と呼ばれている。イモムシは大きくなってもイモムシのまま、と考える人と話をしていて気がつくのは、どうやらイモムシも不完全変態をするイメージなのだなということ。イモムシは成長しても大きいイモムシのままだろうというわけだ。

イモムシは実際には完全変態をする。甲虫目、ハエ目などと同じで、卵、幼虫から蛹(さなぎ)をへて成虫になり、成虫と幼虫はずいぶん違う姿をしている。その幼虫を見てカブトムシだとかクワガタムシだとかわかる人は、経験や知識があるからわかるのであって、本来、完全変態の幼

生物が成長する過程で姿を変えることを変態といい、チョウ、ガのように「幼虫→蛹→成虫」と蛹期があるものを完全変態、バッタ、カマキリのように「幼虫→成虫」と蛹期のないものを不完全変態といいます。

何の幼虫？
（答えは下に）

虫の姿と成虫の姿は結びつけようがない。

たとえばハエ目にアリノスアブという変わった姿の幼虫がいる。名があらわすようにアリ（トビイロケアリなど）の巣で育つという変わった生態なのだが、幼虫は網目模様のある半球ドーム型をしていて、それは生きものというよりもパソコンのマウスか何かのようだ。羽化して成虫になるとすっかりアブの姿に変身するが、もしも何も知らずにこの幼虫を見たら、成虫の姿を想像することはまずできないだろう。実際、最初にこの幼虫が発見された際には、何と軟体動物として記載されてしまったと聞く。

そういうわけで、幼虫がまったく違う姿の成虫に変身する完全変態はそもそも不思議なことなのだ。イモムシの世界でも未知種であれば幼虫の姿から成虫のことは知りえないし、

「何の幼虫？」の答え［a アリノスアブ　b オオニジュウヤホシテントウ　c ハンミョウ　d タテスジジンガサハムシ　e ノコギリクワガタ　f クワカミキリ］

成虫をいくらながめても幼虫の姿はわからない。そう考えると「イモムシのまま」と考える人がいてもおかしくないと思えてくる。

イモムシは大きくなってもイモムシのまま、そう思ってしまいそうになるイモムシが実はいる。一般にミノムシとしておなじみのミノガ科の幼虫たちだ。ミノガ科は日本には約50種がいて、幼虫は植物の葉や茎などを糸でつづりあわせて蓑(みの)をつくる。蓑は種によってそれぞれ特徴的で、大きな紡錘形ならオオミノガ、葉や枝など大ぶりの植物片を大量に付着させた蓑ならニトベミノガといった具合だ。もしも細長い枝を縦にきれいに並べた長さ2〜4センチの蓑を見つけたら、それはもっとも普通に見られるチャミノガのものだろう。

チャミノガの大きな蓑は冬になると木々の枝先によく目立つ。が、その中に幼虫は入っていない。チャミノガは夏に卵がふ化し、冬は少し成長した段階の幼虫なのでその蓑はとても小さい。だから冬に見られる大きい方の蓑は羽化後の空蓑だ。

越冬した幼虫は翌春から摂食を再開して夏前に成熟、大きくなった蓑の中で蛹化(ようか)し、7月ころから羽化が始まる。蓑の下部の穴から蛹(さなぎ)がせり出すように半身を乗り出して羽化するが、これらはすべてオスだ。メスも存在するのだが、蓑の中で羽化して外には出ないので通常目にすることができない。メスは翅(はね)がなく、脚(あし)もなく、頭は小さく、ほとんど腹部だけという、幼虫時代とほとんど変わらない姿であり、まさしく「大人になってもイモムシのまま」の姿なのだ。

チャミノガの卵はメスの蓑の中でふ化します。ふ化幼虫はその後、糸を吐いて蓑からぶら下がり風により分散するといわれています。たどりついた場所で体の大きさにあわせたごく小さな蓑をつくり、ミノムシとしての生活が始まります。

チャミノガ

移動手段のないメスは蓑の中にとどまったままフェロモンを放出してオスを呼ぶ。オスは蓑の穴から腹部を伸ばして中にいるメスと交尾をする。メスはその後、蓑の中に大量の卵を産んで一生を終える。子孫を残すことだけに専念し「イモムシのまま」の一生を寝袋の中で完結する筋金入りのとじこもりなのである。

ミノガ科の大型の種、オオミノガやニトベミノガ、クロツヤミノガなどのメスも、チャミノガと同じく翅がないイモムシ的な姿をしている。一方、ミノガ科の中にはメスにちゃんと翅と脚がある種や、翅はないが脚はある種などいくつもの段階が存在していて、イモムシ的な究極のメスがどのようにあらわれたのかを考える上で大変興味深い。⑩

チョウとガの関係

「イモムシが大きくなったら？」という問いに「イモムシはチョウ、ケムシはガになる」と答える人もいる。大学生に話をする機会があった際、ためしにこの「イモムシ＝チョウ、ケムシ＝ガ」は正しいかどうかを問うてみたのだが、正しいが半分、正しくないが半分という結果だった。これが一般的な認識だったのかと知って驚いたが、ほとんどはわからないから恐る恐るという感じの挙手であった。チョウでもガでも、幼虫と成虫の両方を見たことがあるものはそもそも少ないのだろうという印象をもった。

一般に知られているイモムシ、ケムシにはどういうものがあるだろう。イモムシとしてよく知られているものといえばモンシロチョウやアゲハだろうか。この二つは小学校の教科書に登場するし、成虫の姿とセットで認識している人は多そうだ。一方、ケムシは教科書にはまず登場しないだろうし、一般に知られる機会があるとしたら、それは庭や公園で害虫となる種、たとえば有毒種であるチャドクガだったり、あるいはときどき大発生してよく目立つマイマイガ（1齢以外は無毒）くらいではないだろうか。

もしもこれだけの経験や知識にもとづけば、イモムシはチョウ（モンシロチョウ、アゲハ）、ケムシはガ（マイマイガ、チャドクガ）となってしまう。だが実際はそうではない。写真に

小学校３年理科の教科書には「チョウをそだてよう」という単元があり、扱われているのは**モンシロチョウ**か**アゲハ**です。また近所の小学校ではカイコを飼育する時間があると聞きました。学校現場で触れる機会があるのはやはりこれくらいなのでしょうか。

イモムシ

チョウ（モンシロチョウ）

ガ（カイコ）

ガ（コエビガラスズメ）

ケムシ

チョウ（ギフチョウ）

ガ（オビガ）

チョウ（ヒメアカタテハ）

「イモムシはチョウ、ケムシはガ」とは限らない

あげたように、ガになるイモムシも、チョウになるケムシもいる。イモムシ、ケムシはチョウ、ガに対応していない。

　にもかかわらず、そのように考える人がいるということは、チョウはまだしも、ガはほとんど知られていないということを意味する。ガ（チョウもかもしれないが）は見たことがあっても、それが何という種なのか、その幼虫はどんな姿なのか、多くの人は知る機会がない。

　そもそもチョウとガはどう違うのだろうか。その違いとして以下がよくあげられる。

・チョウはきれい、ガは地味
・チョウは翅（はね）を立てて止まる、ガは翅を開いて止まる
・チョウの触角は棍棒（こんぼう）状、ガの触角は羽毛状

・チョウは昼行性、ガは夜行性

これらは傾向としてはあてはまるのだが、例外が多く、はっきりした識別点にならない。チョウの特徴とされている性質をもつガが少なからずいるのである。たとえばベニモンマダラというガがいる。翅（はね）の色彩が鮮やかで、触角は棍棒（こんぼう）状をしている。またイカリモンガというガは、翅がきれいな色をしていて、止まるときには必ず翅を立てる。どちらも昼行性で、昼間に飛翔したり、花で吸蜜する姿を見ることができる。これらは写真を見せるとチョウだと思う人がかなりいる。またセセリチョウの仲間など翅の色彩が地味なチョウや、アゲハモドキなどという名前からしてどちらなのかわかりにくいものもいる。結局、「チョウとガの違いは？」の答えは「明確な違いはないので、チョウとガを分けることは難しい」となってしまう。

はっきりした違いがないのだとしたら、チョウとガはどのような関係にあるのだろうか。両者の関係を鱗翅目（りんしもく）の中の分類上の位置づけから見てみることにしよう。

左にあげた分岐図からチョウと呼ばれているものを探すと、そのほとんどはアゲハチョウ上科というグループに含まれている。チョウの属するグループはもう一つあって、セセリチョウ科がセセリチョウ上科に属している。④ 引用したのは分岐図のごく一部で、鱗翅目（りんしもく）全体では47の上科が設定されているが、その中でチョウはわずかこの2つの上科だけで、それ以外の大多数が一般にはガと呼ばれているものたちだ。日本産の種数でみるとチョウは328種

鱗翅目を**小蛾類**（小型鱗翅類）、**大蛾類**（大型鱗翅類）と二分する呼び方があります。小蛾類はコバネガ上科からメイガ上科、大蛾類はカイコガ上科、シャクガ上科、ヤガ上科などを指しますが、境界はややあいまいで慣用的な分け方です。

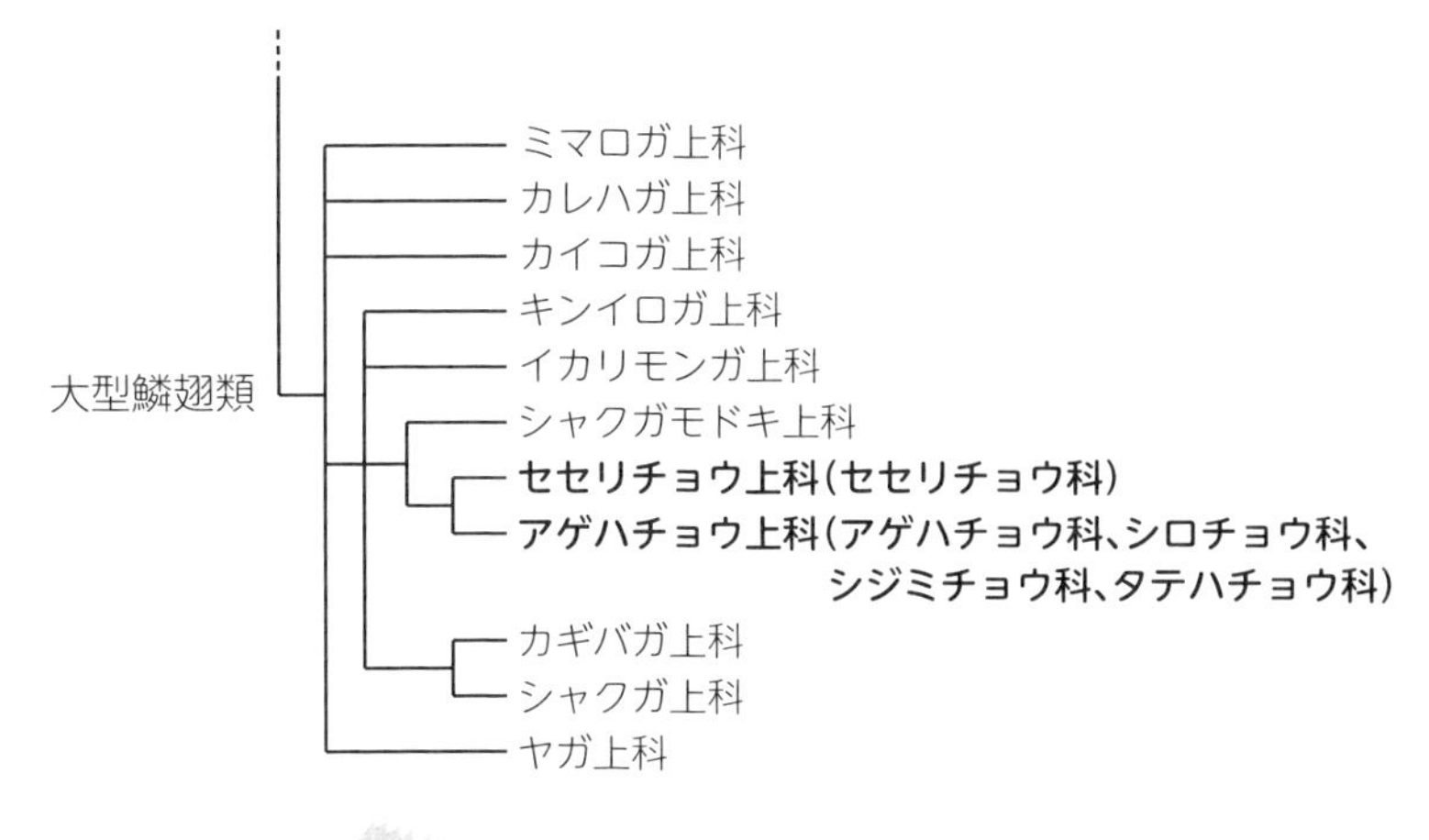

鱗翅目上科の分岐図(太字がチョウ)
(『日本の鱗翅類』(4)より大型鱗翅類部分を抜粋、チョウ類科名を加筆)

で鱗翅目全体の約5パーセントにすぎない。単純にたとえると、イモムシ100匹(種類)を成虫になるまで育てたときにチョウが出てくる可能性は5匹で、残り95匹はガになる。ガという巨大な集まりの中に、チョウと呼ばれるものがほんの少し含まれている、そんな風にイメージすればいい。鱗翅目はチョウ目とも呼ばれるが、本来はガ目と呼ぶべき姿なのだ。

チョウは夜行性が多数派の鱗翅目の中で昼行性へと進んだ変わりものたちだ。その特徴とされるカラフルな翅は昼間に視覚によって仲間を識別するためのもの。先のイカリモンガなどのガがチョウ的な見かけをしていることも、この昼行性という習性による。

ガが大多数なので「チョウを除いたガだけの特徴」をまとめるのは難しく、分類学的に

チョウ？　ガ？

はチョウとガに二分することそのものに無理がある。チョウとガの違いについて、日本蛾(が)類学会の岸田泰則会長いわく「チョウはきれい、ガは美しい」。チョウもガも方向性が少し違うだけで、どちらも同じ鱗翅目(りんしもく)の一員という事実を見事に表現されている。

ややこしいシャクガモドキ

チョウとガの関係性を考えるときに興味深い存在がある。シャクガモドキ科だ。中央・南アメリカの熱帯域にだけ生息し、日本には分布していない。従来はシャクガ科に入っていたが、近年はシャクガモドキ科として独立し1属40種で構成される。[11]

　このグループの存在が悩ましいのは、チョウとガの特徴をあわせもつことにある。

前後左右の翅を独立して動かすトンボなどとちがい、鱗翅目の前翅と後翅は連結して動きます。いくつかの仕組みがあります。**翅刺型**は後翅前縁にある刺を前翅に引っ掛ける方式、**肩角型**は後翅前縁基部が前に張り出し前翅と広く重なるようにする方式です。

シャクガモドキの成虫（種不明、飯田市美術博物館所蔵標本）

成虫の姿はガそのもの。もともとシャクガ科に入れられていたというだけあってシャクガに似た雰囲気がある。少なくともチョウのようには見えない。夜行性であり、触角は糸状あるいは羽毛状とガ的な特徴をもっている。細かな点では、前後の翅(はね)の連結の方式もガ的だ。多くのガは前後の翅が翅刺型というしくみで連結しているが、チョウでは肩角型というしくみになっている。シャクガモドキは翅刺型であり、この特徴からもガといえる。

ところが一転して卵、幼虫、蛹(さなぎ)はチョウ。卵では、たとえばマクロソマ・バヒアタという種のものは直立した紡錘形をしていて、モンシロチョウの卵のよう。幼虫では、マクロソマ・ヘリコニアリアという種の幼虫はナメクジ型の体型で、頭部に長い突起が2本突き出し、尾部にも長い突起がある。正体を知らずに見たら、タテハチョウ科の一種と思ってしまうだろう。蛹もまたチョウ的で、蛹化(ようか)の際に繭(まゆ)をつくらず、帯糸をかけて固定する帯蛹なのだそうだ。残念ながらこれらの実物は見たことがないのだが、少なくとも写真からはそのように見える。

このようにシャクガモドキは、卵、幼虫、蛹はチョウ、成虫はガの特徴をもっているややこしい存在なのだ。シャクガモドキ科を独立させたスコーブルは、当初これをアゲハチョウ上科にもっとも近い存在と考えて次のような系統樹を提起していた。

- セセリチョウ上科
- シャクガモドキ上科――シャクガモドキ科
- アゲハチョウ上科

　これはシャクガモドキがセセリチョウよりもアゲハチョウに関係が近いことをあらわしている。したがってアゲハチョウもセセリチョウもチョウと呼ぶなら、シャクガモドキもチョウと呼ばなくてはならないことになる。実際にこの考えを反映してシャクガモドキ科をチョウとして紹介しているチョウの図鑑[12]もある。

　ただし現在ではこれが修正され、先にあげた分岐図にあるように、

- シャクガモドキ上科――シャクガモドキ科
- セセリチョウ上科
- アゲハチョウ上科

最もよく知られているイモムシキャラクター、『はらぺこあおむし』（エリック・カール著）の主人公は**チョウ**の幼虫という設定です。興味深いことに蛹化の際に繭をつくります。繭をつくるチョウは日本ではウスバアゲハ（62ページ）などごく限られています。

という系統関係が支持されるようになっているという。これによればシャクガモドキ上科はチョウとその他のガの中間的な存在という扱いだ。いずれにしてもこのシャクガモドキ上科というユニークな存在は、チョウというまとまりが一般に考えられているほどきっちりしたものではないということを物語っている。

ガ屋の言い分

「このイモムシはチョウになりますか？　それともガになりますか？」

そう聞かれることがある。きれいなチョウになるなら育てたいけど、ガになるのはちょっと……という思いが透けて見える。分類学的には分けられないほどチョウとガは一体のはずなのに、ガはチョウに比べて嫌われ者だ。

そうなると黙っていられないのが〝ガ屋〟さんたちである。ガ屋とは虫の中でもとくにガを愛している人たちのことである。僕は幼虫であるイモムシのファンにはなったが、成虫のガは実はまだそれほど萌えない。色が地味でどれも同じように見えるし、識別が難しく、親近感がなかなかわいてこない。ガ屋はガのどういうところにひかれているのだろうか。

大阪で会ったある若手のガ屋はこう表現していた。

「ガは渋くて、繊細で、上品なところが魅力です」

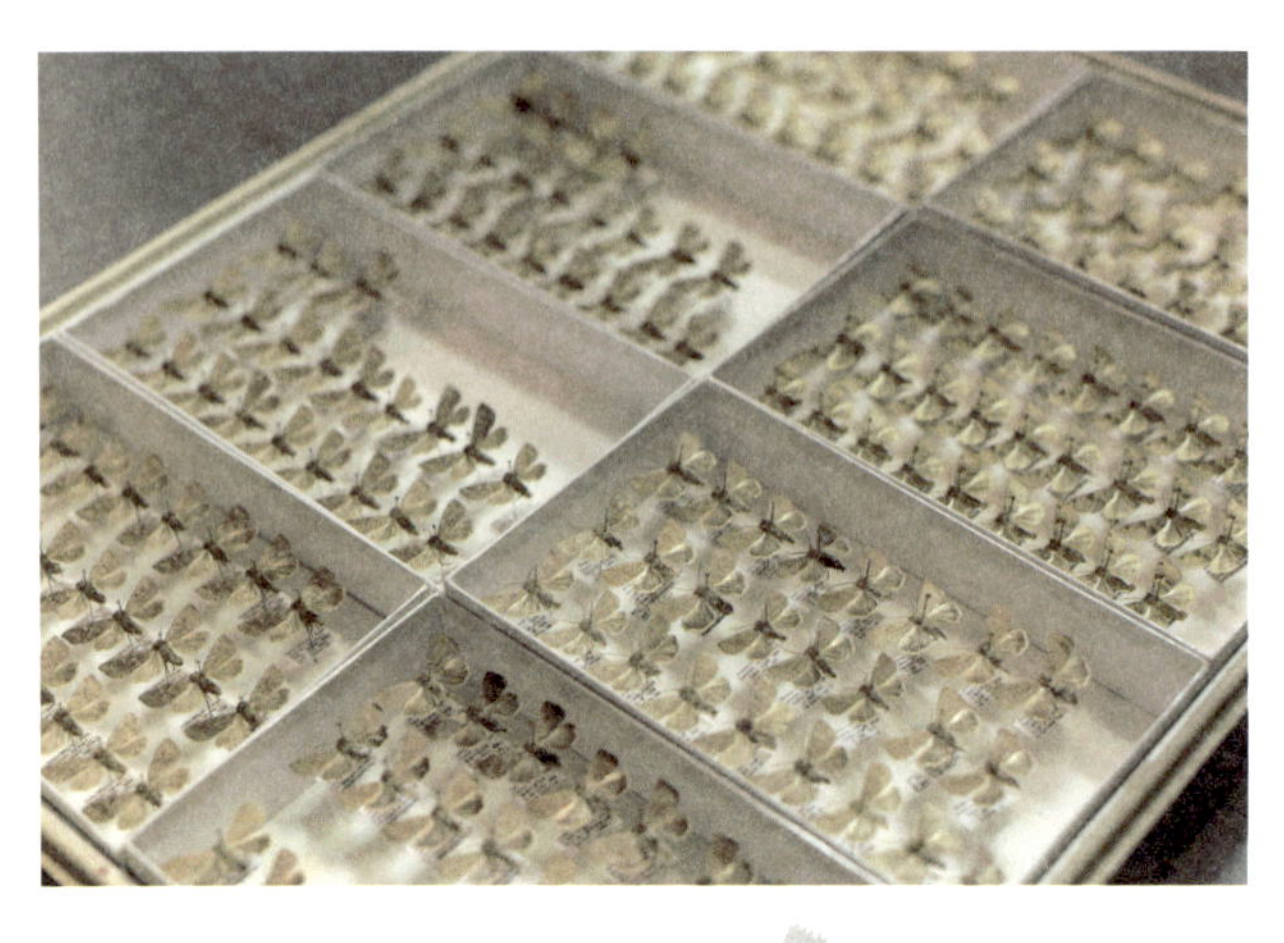

地味？ 美しい？ キリガ類

渋い色彩もそれはそれできれいだということについては、僕もイモムシを飼育して羽化直後の新鮮なガを見るようになって、ようやく少しわかるようになった。鱗粉（りんぷん）がそろい、しっとり感のある翅（はね）はたしかに美しいとも思う。それでもガの図鑑を開けば、やっぱりガは地味だよなあと思ってしまう。

この後、何度か登場する四方（しかた）圭一郎さんもガ屋である。僕の地元の虫友達であり、ガの先生だ。四方さんはガの中でもとくにキリガを専門にしている。キリガとは冬を中心に活動するヤガ科の仲間（冬ヤガという言い方もある）を指している。四方さんは僕が遊びに行くと「これはいいガですよ」と目をキラキラさせ、キリガがぎっしり入った標本箱をたくさん見せてくれる。しかし僕の目にはキリガこそ色と形がよく似た地味なガの集まりであって、「ガ、だねえ。

虫屋とは何よりも虫が好きな人のことです。虫屋は**ガ屋**、チョウ屋などに、さらにシャクガ屋、キリガ屋などに細分化する傾向があります。昆虫は種数が多く一生の間にカバーできないことを経験的に知ってしまうからです。それだけ広大なのが昆虫の世界です。

アズサキリガ
オス　メス

それ以上わからなくてすいません……」という気持ちになってしまう。

ガ屋である四方さんはキリガをどんな風に見ているのだろうか、彼がキリガの一種アズサキリガについて書いた文章から読みといてみよう。

「淡雪に紅を差したような前翅の斑紋は、この蛾が舞う早春のおぼろ月夜の月光を連想させ、それはそれは美しいお姫さまのようである」[13]

アズサキリガは翅にくっきりした斑紋があって、たしかに他のキリガと比べると特別感があるものの、それでも僕の目にはやはり地味なガの範疇だ。ところがそれは四方さんにかかれば「美しいお姫さま」である。これは一体どうしたことだろう。

四方さんはそもそもガのどういうところに面白さを感じているのだろうか。

「一つは種類が多いことですね。チョウは派手だけど種類が少ないからすぐわかって逆に飽きてしまう。ガは黎明期に毛が生えたくらい。

まだわかっていないことがたくさんあるので、採って見比べて分類するとか、新しい種を発見するという楽しみがまだたくさんあるんです。最近は若手でガをやる人が増えてますよ」

四方(しかた)さんの話を聞いていると、ガ屋の言う「上品さ」とか「美しさ」というのは、どうも見た目だけの話ではないと気づく。

「ガ屋さんはガの標本を見て『美しい』って言うじゃない。でも素人には地味に見えちゃう。それは、わかってないことがたくさんあることだったり、背景にあるいろんな情報を含んだもので、見た目以上に〝盛って〟見てるってことなのかな？」

「それはやっぱりあると思いますよ。ほら、そもそも虫屋の『いい虫』ってそういうところがあるじゃないですか」

はじめにでも紹介したが、虫屋は価値が高いと思う虫を「いい虫」などと表現することがある。それは単に見た目のことだけでなく、背景情報、たとえば行動や生態が特殊であるとか、分布が限られていて大変希少であるとか、採集がきわめて難しいとか、そういう要素をもった虫を高く評価する傾向にある。

四方さんによれば、キリガのそれは「得難さ」だという。キリガの出現期は晩秋から早春で、気象条件が少しでも悪ければ普通種さえまともに獲れない時期であり、だからたとえその場所に生息していても採集が難しいという珍品的な要素がそもそもある。しかもアズサキリガは北海道と中部山岳の限られた場所にしか生息しておらず、特別感のとくに大きなガと

ガ屋さんはライトトラップにそれぞれ独自の工夫をほどこしているので、装置を鑑賞するのも楽しいです。四方さんのはイレクターパイプの骨組みにシーツを張り、水銀灯、蛍光灯、ブラックライトをガソリン式発電機によって煌々と照らすというものでした。

タカオキリガ

ライトトラップでキリガを待つ

いうことらしい。

一度、四方さんのキリガ採集に同行させてもらったことがある。春の夜、高原の林道脇に四方さんが工夫を重ねた自作ライトトラップを設置し、光に集まってくるガを待った。山の春にしては暖かく、暗くなると雨がポツポツと降り始めた。「こういう夜はいいんですよ」という四方さんの予言通り、アズサキリガ同様に得難いとされるタカオキリガという珍品キリガが次々に飛来する夜となった。夜がふけるにつれ雨は激しく、風が強く吹くようになってきて、タカオキリガの価値もあまりわからない僕は早々に自分のテントに潜り込んだ。ところが四方さんは風雨の強まる夜中まで採集をつづけ、タカオキリガを何十匹も採集したという。「いざ寝ようと思ったらテントが谷底まで飛ばされていて大変でした」と言いながらとてもうれしそうだった。

四方さんがキリガを見るときには、たとえばこんな採集経験の数々やキリガに関するさまざまな情報が重なって見えている。だからこそ、それが特別なめったにお目にかかれないお姫さまにも見えてくるのだと思う。僕がキリガを地味なガにしか見えないのは、そういった知識も経験もたいしてもち合わせていないからなのだ。

ガ屋はガの姿を通じて生物世界の多様性を見ているのだろうと思う。素人目には同じに見えるガを丹念に見比べ、よく似た形態や渋く限られた色調の中に潜むわずかな違いを見つけることによって、ガを識別しつづけている。だからこそガ屋にとってガは繊細で上品な生きものなのであり、ときにはお姫さまにさえなりうる存在なのだ。

リンゴコブガのトーテムポール

イモムシのゴールはチョウやガになること。卵から生まれた1齢イモムシは目標に向かって成長する。成長する過程で欠かせない仕組みが脱皮だ。もしかすると「イモムシって脱皮するの?」と思う人がいるかもしれないが(聞いてみると実際けっこういる)、幼虫→蛹(さなぎ)→成虫と変態するときだけでなく、小さなイモムシが大きなイモムシになる途中で何回も脱皮をする。

昆虫は外側を固いキチン質にすることで体を支えている。イモムシの柔らかそうな体も基本的には同じで、皮膚は多少伸びるが、体が大きくなれば限界が来てしまう。古い皮膚を脱ぎ捨て、内側にあらかじめ用意された新しい皮膚になる。これが脱皮だ。

アゲハ(ナミアゲハ)の例で見てみよう。ふ化幼虫は体長2~3ミリで、胴体の皮膚には余裕があり、頭でっかちなプロポーションの状態で生まれてくる。数日後には5ミリと約2

幼虫の**齢数**の数え方は、卵からふ化したものを1齢、その後脱皮するごとに2齢、3齢……となります。蛹化前の最後の齢を終齢といい、また終齢の一つ前を亜終齢、初期の段階をまとめて若齢などということもあります。

脱皮（1齢から2齢）

アゲハの成長過程
（ほぼ実物大）

倍の大きさに、皮膚はパンパンに張った状態になる。ここで脱皮して2齢になると、体のボリュームはほとんど変わらないが、頭部は一回り大きく胴部の皮膚は余裕のあるものになって、再び成長できるようになる。アゲハはこの脱皮を4回繰り返して、緑色の5齢（終齢）まで成長する。

ただ一般には野外で見つけた幼虫の齢数を知ることは難しい。終齢かどうかは飼育すればわかるが、それが何齢かはわからないことが多い。齢ごとの姿と大きさがわかっていればそれと比較してわかるが、そんな種はごくわずかだからだ。

アゲハのようにチョウ類だけは愛好者が多く飼育例が多いので、ある程度わかっている。アゲハチョウ科やシロチョウ科では5齢を、シジミチョウ科では4齢を基本とする種が多

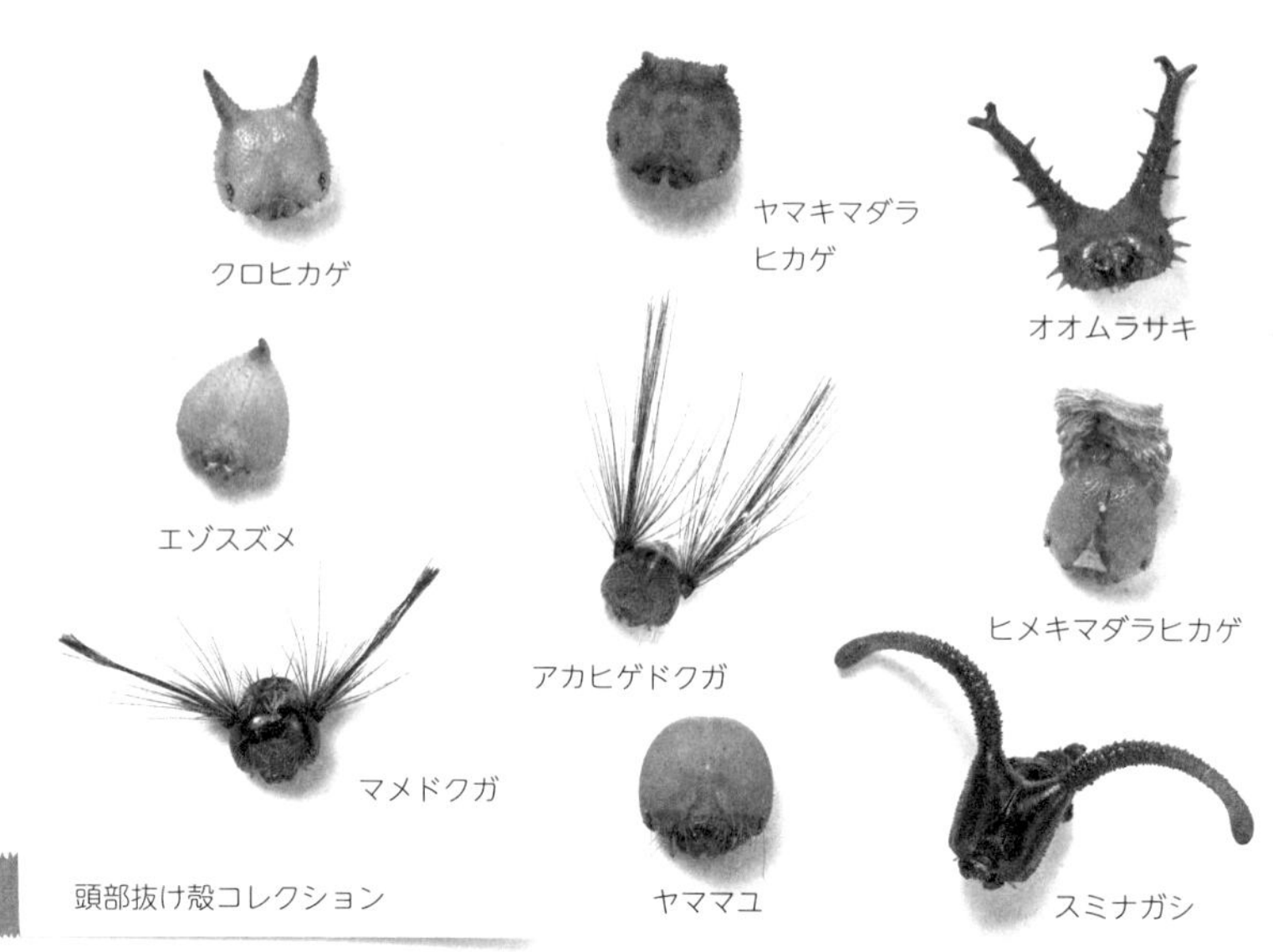

頭部抜け殻コレクション

いが、ヤマトシジミで4~5齢、キマダラルリツバメで4~7齢など、同じ種でも条件によって齢数が変わる種もある。一方、ガ類でわかっているのはごく一部なので、卵から飼育する機会があったら、ぜひ脱皮回数をカウントして記録していただきたい。

脱皮後の胴部の皮膚はくしゃくしゃになり、また食べてしまう場合も多いが、頭部の皮膚は顎（あご）の筋肉を付着させるために堅牢にできていて脱皮後も形が残る。収集していくとイモムシ顔のコレクションができあがる。

ほとんどの種はこの頭部脱皮殻を脱ぎ捨ててしまうのだが、中には奇妙な習性をもつものがいる。リンゴコブガだ。

リンゴコブガ（コブガ科）は春から初夏にコナラ、クリ、サクラなどで見られる体長1センチ強の小さな毛虫だ。遠目に見ると白い

終齢幼虫が脱皮（蛹化）するときは頭部と胴部が分離せず、また頭部が割れてしまうこともあります。完全な「顔」だけのマスクがほしい場合はその一つ前、亜終齢が終齢に脱皮するときの**頭部脱皮殻**をねらって集めることが必要です。

毛がまばらに生えた小さな毛虫で、とくに興味をひかれる姿をしているわけではない。

その魅力はぐっと近づいて観察することで初めて理解することができる。頭部の少し後ろあたりに湾曲した突起のようなものがあるが、それをルーペでのぞくなり写真に撮るなどして拡大して観察すると、たくさんの顔が見えてくるのだ。これは頭部脱皮殻が積み重なってできており、小さいものから大きいものまで顔が順番に積み重なったトーテムポールのような代物なのである。

このトーテムポールは一体どうやってつくられるのだろうか。脱皮時の精密な観察ができていないのでここからは想像まじりになる。リンゴコブガは脱皮の際、頭部脱皮殻を捨てず頭部後方に口から吐く糸でくくりつける。次の齢の脱皮時には頭部殻をその下につける。そして次の殻も……と順次脱いだ殻を塔の下端につけて押し上げていく。リンゴコブガの幼虫は8齢を経るとされているので、終齢では1齢から7齢までの7個の頭部殻が律儀に積み重なるトーテムポールができあがる。

僕はリンゴコブガのような理解しがたい習性や姿のイモムシに出会うと妙にうれしくなる。もちろん、見事に擬態するイモムシや、派手な警告色デザインのケムシなどビジュアル的にわかりやすいイモムシも大好きだ。でもリンゴコブガにはそれらの「ものすごくよくできてるなあ」というのとはまた違った魅力がある。本来捨てるはずの抜け殻を、几帳面にコレクションして順番に積み重ねるなどということに、一体どんな意味があるというのだろう。そ

頭部脱皮殻の塔

リンゴコブガ

脱皮

れはどのように獲得されてきたのだろうか。意味不明な習性を獲得し、それでもそのまま生き続けている姿もまた生物の魅力の一つだと思っている。ちなみにこのトーテムポールつくりの習性は同じコブガ科のモモタマナコブガやオオコブガにも見られるが、コブガ科でも多くの種はトーテムポールをつくらない。

クスサンテグスのつくりかた

終齢のイモムシは成熟するとやがて蛹（さなぎ）になる。

チョウ類の蛹化（ようか）はアゲハのように糸で帯をつくって体を固定したり（帯蛹）、タテハチョウ科の種のように糸を吐き付けた糸座をつくり尾部でぶら下がったり（垂蛹）して行われ、繭（まゆ）をつくるものはウスバアゲハ（ウスバ

ケムシは脱皮のたびに毛を新しくします。古い毛は皮とともにごっそり捨てられてしまうのです。終齢まで何度も脱皮するので、大量の毛をつくっては捨てることになります。それでも毛にはそれだけのメリットがある（160ページ）ということなのでしょう。

帯蛹(ジャコウアゲハ)

垂蛹(ヒオドシチョウ)
繭(ウスバアゲハ)

チョウの蛹

シロチョウ)などごく一部に限られる。

ガ類では繭をつくりその中で蛹化するものが多い。ただその繭も葉の間などにつくられるしっかりしたものから、枝や幹に付着させたもの、土に潜って糸で簡単に補強した空間など、さまざまだ。

イモムシがつくりだす繭には人に利用されてきた歴史もある。カイコガ科のカイコの他にも、ヤママユガ科のヤママユ、サクサン、エリサンなどの繭が利用されてきた。

ヤママユガ科にクスサンという毛虫がいる。クスサンの繭は粗い網目状のもので、イモムシがつくる繭の中でももっとも丈夫なものの一つだ。冬でも枝先によく残っていて目立ち、スカシダワラなどと呼ばれることもある。四方(しかた)さんによれば、地元の年輩者の中には、指をケガしたときにこの繭を指サックのようにして利用した経験のある人がいるそうだ。

そしてクスサンの丈夫な絹糸(けんし)は釣り糸のテグスになることが知られている。テグスは今でこそナイロン製だが、かつてはこのクスサン毛虫から作られていた。実際にどのようにつくるものなのかを知る機会はなかなかなかったが、四方(しかた)さんが地元の方に教わりながらクスサン

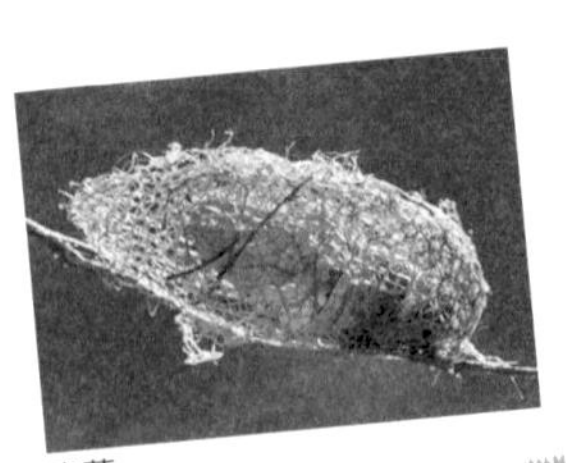
空繭

終齢幼虫

クスサン

テグスを再現すると聞き、僕も便乗させてもらうことにした。

「子どもの頃にやったことだし、あんまり覚えてないよ」

　講師役のHさんによると、テグス作りは当時の子どもの遊びの一つで、作ったテグスと竹竿の道具で魚釣りをしていたそうだ。テグスはカイコやヤママユのようにできあがった繭（まゆ）をほどいて絹糸をとるのではなく、クスサン幼虫の体内にある絹糸腺という糸をつくる器官から直接つくる。Hさんによるとそのやり方は、

「地面で踏んで、中から絹糸腺をとって、それを酢につけて伸ばした」

とのことだった。

　Hさんの話と本などで調べた知識をベースに再現実験を開始する。幼虫の体を解剖ハサミで開くと、体の左右両側の部分に一対、黄色っぽい透明感のある縮れたラーメンのような器官が見えた。これが絹糸腺だろう。取り出して食酢に浸すと数分後には白っぽく変色した。四方さんが頃合いを見て両端を指でつまみ、腕を広げるようにしてゆっくり引っ張ると……オオッ、伸びる。1メートルほどまで伸びて、そのままの姿勢でじっとしていると糸は固まった。念願のクスサンテグスのできあがりである。褐色がかった透明感のある太めの糸でかなり

テグスとは古くから使われていた釣り糸で天蚕糸と書きます。元々は中国などに分布するヤママユガ科のテグスサン（フウサン）幼虫の絹糸腺からつくられたもののようです。機会があればテグスサンの元祖テグスも作ってみたいものです。

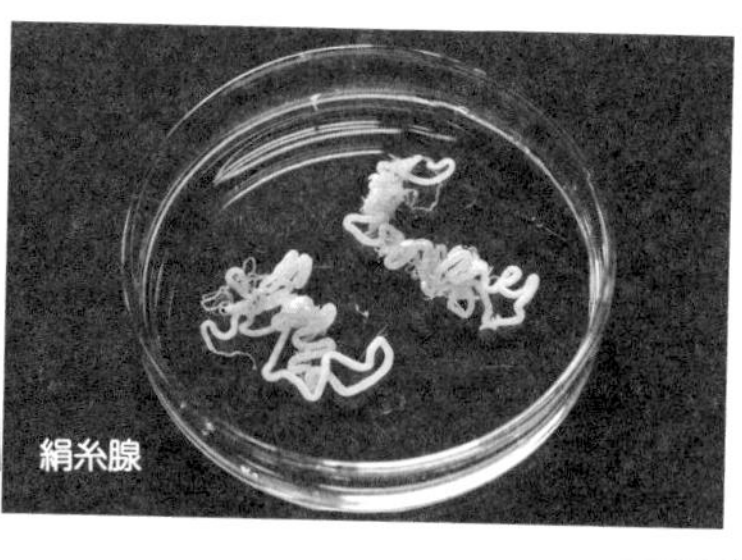

絹糸腺

絹糸腺１本からとれる糸

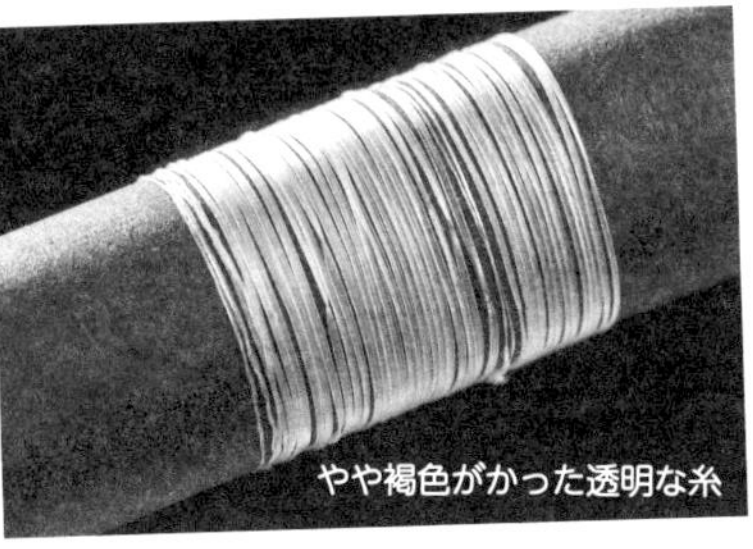

やや褐色がかった透明な糸

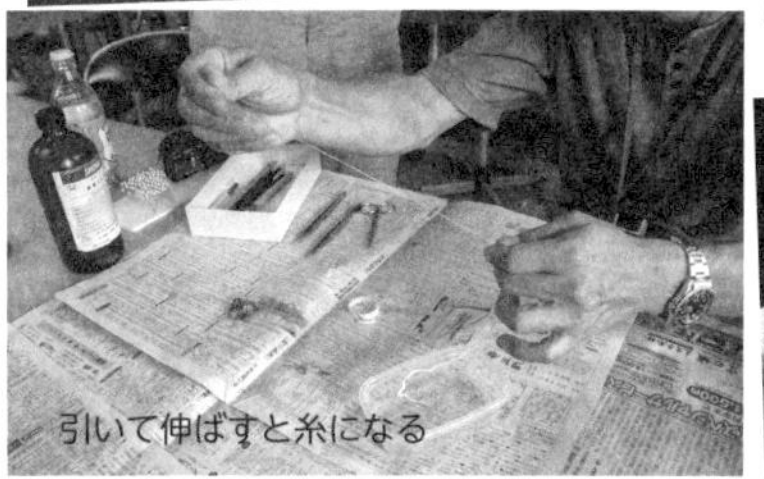

引いて伸ばすと糸になる

クスサンテグス

しっかりしていて、これなら大きな魚がかかっても大丈夫そうだ。もう少し細くすることができれば魚にも気づかれにくいだろう。意外に簡単にできてびっくりしたが、そうでなければ子どもの遊びとして普及しなかったはずだ。

何回かチャレンジし（うまくいったものは2メートルほどになった）わかったことがあった。それはどの成長段階の幼虫からとるかがテグス糸の出来を大きく左右するということだった。消化管に食べ物がつまっている（まだ摂食活動している）未熟な幼虫は絹糸腺の発達が悪くいい糸がとれない。ベストなのは成熟し最後の脱糞を終え営繭する直前のタイミングの幼虫だった。

それがわかってみると、Hさんの話にあった「地面で踏んで」という点に実は大事な意

カイコガ科、ヤママユガ科の繭

味があることに気がついた。枝先にいる摂食中の幼虫ではなく、蛹化間近になって木を離れ、地面を歩いている幼虫がテグス作りにもっとも適しているという経験則から来るコツだったのだ。

踏んで……と聞けばワイルドだなあと思うし、実際に幼虫から絹糸線を取り出す実験作業は正直に言って心理的なハードルが高かった。しかし、そういう生物との濃密な関わりから、ながめているだけではわからない深い理解につながることもあることを知ったのだった。

僕はまったく野生児ではなかったですが、ヘビがぐったりするまで振り回し、ザリガニ釣りにはちぎったザリガニの肉を使い、ヒキガエルの口に爆竹を入れたりしていました。生物との濃い接触から得られる大事な感覚というのがたしかにあるような気がします。

第3章

イモムシは何を食べる?

鬼?の中島さんとカバシタムクゲエダシャク

『イモムシハンドブック』は先に登場した四方(しかた)さんをはじめ多くの方の協力によりできた図鑑だが、とくにお世話になったのが中島秀雄さんだ。

中島さんは日本蛾(が)類学会長まで務められた超ベテランのガ屋で、とりわけフユシャクガという冬に出現するシャクガの第一人者だ。まだイモムシに興味がなかった頃の僕も、中島さんの著書[14]を読んでは、冬にだけ活動し翅(はね)が退化したフユシャクガのメスの存在に大いに興味をかきたてられたものだった（そのころはほとんど見つけられなかったけれど）。

中島さんとは〝イモムシ合宿〟で初めてお会いした。イモムシ合宿とは、中島さんを先生役に実際にイモムシを採集しながらいろいろ教えてもらおうという、イモムシ三昧の合宿計画であった。

合宿企画者の四方さんからは中島さんについてこう聞いていた。

「中島さんは『鬼のナカジマ』と呼ばれてます。採集意欲がすごくて、たとえ普通種のガでもものすごくたくさんとるんです。中島さんの歩いた後は何もなし、と言われます」

中島さんのガに対する情熱をあらわすエピソードは数多い。最近、ガの世界に衝撃をもたらしたビッグニュースといえばカバシタムクゲエダシャクの再発見だが、その中心人物こそ

日本蛾類学会はガの研究者、愛好家が集まる学会です。学会サイトによると会員数は約300名、日本のガ屋は300人くらいはいることになります。またチョウとガを合わせた日本鱗翅学会もあってこちらは会員約1100名とのことです。

フユシャクガ（ナミスジフユナミシャク）の交尾ペア（上：メス、下：オス）

が中島さんだった。

カバシタムクゲエダシャクはガ素人の僕でも知っている有名なガだ。早春性のフユシャクガで、１８９６年に記載されてから１００年の間にわずか10匹ほどしか採集されておらず、オスは１９６３年、メスは１９８７年を最後に数十年間、誰もその姿を見ていない。珍品中の珍品といっていいガだ。

中島さんは長年このガを追い求めてきた。１９８７年の最後のメスも中島さんによる発見である。しかしこの最初の出会いは偶然だったという。

「カバシタ（ガ屋の多くは敬意をこめてこう略し、これで通じる）のことはもちろん知っていましたけど、まだ身近には感じてなかったころで、その日も別のガをとりに行っていたんです。歩き出して１００メートルくらいのところで、カバシタのメスが止まってたわけですよ。信じられないじゃないですか。『へっ？』と思ったわけですよ。写真どころじゃない、もう夢心地だった……」

フユシャクガのメスは翅が退化していて特徴に乏しいので、単独で種を確定することが難しい。オスとの交尾場面を発見するか、さもなければメスが産んだ卵がオス成虫になるまで育てることが必要になる。そこ

1987年、中島さんが最初に採集したメス

2016年、53年ぶりに
再発見されたオス

2016年、29年ぶりに
再発見されたメス

カバシタムクゲエダシャクの
歴史的な標本

で中島さんはこのメスから採卵をし、８００匹以上もの幼虫の飼育を試みるのだが、食草不明で困難をきわめ、すべてが失敗に終わってしまう。しかし、この偶然の出会いと失敗が中島さんを本気にさせた。

「もう、燃えたわけですよ、次の年から」

それから毎年発生時期になると、過去に採集記録のあった場所や可能性のある情報を聞いては遠征し、精力的な探索を行った。しかし成果はまったく得られることなく月日が過ぎていった。

２０１６年、中島さんにとうとう再びの機会がめぐってくる。行動をともにしてきたガ屋の矢野高広さんと、かつてメスを発見した場所を探索した際、突然のようにカバシタムクゲエダシャクが姿をあらわしたのだった。これは実に53年ぶりという素晴らしいオスの再発見だった。ところが何という運命のいたずらか、このオスは先行する中島さんがそこを通りすぎた直後に舞い降りてきて、後ろにいた矢野さんに捕獲されてしまったのだ。

「僕は何しろ人の後ろを歩くのが嫌いだから前を歩く。そしたら矢野さんが後ろで『捕れたーっ』という声を上げたわけですよ。僕は内心『違うガであってほしい』って思ってた……嬉しさなんかないよ！

フユシャクガとは分類学的にまとまった一つのグループではなく、冬に成虫が活動するシャクガ科の総称です。日本からは35種が知られています。メスの翅が消失または縮小していて飛翔できないのも特徴です。

イモムシ合宿で採集したイモムシのひとつ、クロクモエダシャク

一度見せられて、すぐに離れてもう二度と見なかった」

　何十年も追い求めてきたガを目の前でとられた悔しさいっぱいの中島さんだったが、翌日の探索で見事にメスを発見する。

「今でもこの話をすると興奮しちゃうんだけど、こう、メスの姿が目に入ったんですよね。もう心臓がね、ドキドキして。もう一度近づいて『間違いない、これ』って。それで、一緒に探索してた人たちを呼んだんだけど、その『おーい』の叫び方が尋常じゃなかったらしい」

　これは前回から29年ぶりというメスの再発見だった。そこから後で紹介するように幼虫の飼育にも成功し、ついに長年のリベンジを果たす。中島さんは狙ったガを決して逃さない執念の塊のようなガ屋さんなのである。

　中島さんのエピソードはこのようにいずれも熱いものばかりだったので、合宿で初めてお会いするときは少々びびっていたのだが、実際には気さくな方で、ガとイモムシについて、ていねいに教えていただいた。「僕はフユシャクをやる前から幼虫屋なんです」とも言われた。中島さんはフユシャクガの前からカギバガ科の幼虫の解明などに力を注がれていて、フユシャクガでもイモムシでも第一人者だったのだ。

合宿では中島さん、四方（しかた）さん、僕の３人で高原の林道を探索してまわった。中島さんにならい、叩き網（１９７ページ）で片っ端から植物を叩きながら歩いた。感嘆したのは、イモムシが見つかるたびに「これは○○エダシャク」「あれは△△シャク」など、一見似たシャクトリムシたちをその場で次々に同定されることだった。そんな中島さんも最初から幼虫を識別できたわけではないという。

「やっぱりみんな似ていて、全然、区別つかないじゃないですか。それを全部飼育して、記録とって、写真撮ったんです。これは円筒形、あれは半円筒形、側線が太いとか、全部細かに記録とってやってきましたから……」

昼はそうやってたくさんのイモムシを採集したが、ヒノキの葉擬態が見事なクロクモエダシャクなどは、このとき中島さんが見つけてくださって初めて実物を見て感激したイモムシであった。夜になるとライトトラップでガを採集しつつ（僕はぼんやりながめているだけだったけれど）、イモムシの勉強をし、この合宿によりハンドブック作成は大きく前進したのだった。

幼虫屋が「あけた」世界

図鑑は生きもの屋にとって重要な情報が凝縮された大切な書物だ。生きものを調べたり観

ガ屋の中で幼虫を対象にする人を幼虫屋と呼びます。わざわざそんな言い方があるということは、成虫を愛でる人がほとんどで幼虫を扱うのは少数派だということを意味するのでしょう。個人的にはイモムシ屋などと呼ぶのが好みです。

察するためのヒントが満載されている。

イモムシを調べるときにも図鑑を頼りにしたいところだが、多くのチョウやガの図鑑に書かれているのは成虫のことばかりで、幼虫については図示されておらず記述も少ない。そもそも幼虫が未発見の種では、観察上もっとも重要な情報である食草についても、どんな姿をしているかすらもわからない。僕は図鑑の中に「未知」や「不明」などという記述を見つけるとドキドキしてしまうのだが、ガの図鑑ではあちこちに「未知」が転がっている。ためしに『日本産蛾類標準図鑑』[15]でエダシャク亜科というグループを調べると、321種のうち72種の寄主植物（食草）欄が「未知」となっている。現在でもこのくらい空白なのがイモムシの世界だ。

未知の幼虫の食草を調べるには大きく二つの方法がある。一つは野外に出て幼虫を探し実際に食べている植物から知る方法だ。これは確実なデータになるものの、ほぼ偶然ともいえる出会いに期待しなければならない。そこで成虫からたどる方法も行われる。野外でメス成虫を採集して採卵し、ふ化した幼虫がどの植物を食べるかを調べる方法だ。そもそも食草がわからないので、いろいろな植物を手当たり次第に試さなければならない。どの方法にしても幼虫の食草を知ることは大変だ。

図鑑で先の珍品ガ、カバシタムクゲエダシャクの項を調べると、食草欄はもちろん「未知」になっている。しかしその後、中島さんたちの探求によってこの空白は埋められた。その過

フチグロトゲエダシャク（左オス、右ススキの枯茎に産卵するメス）

程を紹介することで、幼虫の食草がどのように解明されるものなのかを見てみよう。

話は中島さんが最初にカバシタムクゲエダシャクのメスを見つけた１９８７年に戻る。中島さんはメスからとって保存していた卵の半分を冷蔵庫から出して飼育を始めた。といっても手がかりは皆無に近く、似た環境に生息するフチグロトゲエダシャクというフユシャクガが草本食であることから類推するしかなかった。

「ワレモコウとかそういう草本類を食べると100パーセント信じてましたから、そういうのをあげたわけですよ。ところがもうウロウロ、ウロウロして、全然食いつかない。それで第1陣はすべて失敗した。しょうがない、現地にまた飛んでいって、まわりの植物を調べて……」

食草探しは、暗闇の中にある正解を手を振り回しながらつかみにいくような作業なのかもしれない。当たるまでは近づいているのか遠ざかっているのかもわからない。思いつく限りの植物を試したが、このときは正解にたどり着けず失敗に終わってしまう。

そして29年後の２０１６年、再発見したメスから採卵して、幼虫飼育の再挑戦が始まった。今回はリスク回避のため複数のガ屋がそれぞれ飼

フチグロトゲエダシャクは早春にあらわれる昼行性のフユシャクガです。オスは触角がフサフサで、メスは無翅でアザラシのような姿をしています。河川敷などの草地が生息環境ですが、産地が限られることもあって大変人気の高いガです。

珍品カバシタムクゲエダシャクの豪華な標本箱

育することになった。

「卵はとれた。食草はまだわからない。とった卵を何人かに分けて、前に失敗した植物のリストもみんなに送ったわけです」

先行して飼育していた一人から23種の植物と1種のキノコを試したもののすべてが失敗に終わったとの報告が回ったが、その後、鳥取大学の中秀司さんからついに成功したという吉報がもたらされる。ツルウメモドキというニシキギ科の植物を食べたとのことだった。

「てっきり草本食だと思い込んでたから、エエッ!?って。悔しさ半分、まあ一応そうかってことになって。で、僕もツルウメモドキ探して飼育しました……一番多いときで200頭近く飼ってたでしょ。雑な扱いはできないわけだから。そうすると、毎日まずエサがえだけで半日はかかりますからね」

中島さんは今度こそと集中して飼育し、無事蛹化(ようか)させることに成功する。食草については他にニシキギなども食べることがわかり、現地調査で野外の幼虫も発見することができた。あとは成虫の姿を確認できれば長年の問題は解決する。そして翌年の春、飼育ケースの中でついに待望の新成虫が姿をあらわす。

カバシタムクゲエダシャク幼虫　黒色と黄色の特徴的な斑紋がある

「よく覚えてるんだけど、発見は夜の9時。たまたま飲み会があって帰ってきたら羽化していて。もう酔いがいっぺんに冷めて。まずは体を清めようと、風呂に入って。それからおもむろに写真を撮りだして、一人で興奮しまくって……」

中島さんは同じ年に新産地も発見している。[16] 通りかかったその場所の環境を見て「ここはいそうだなと思って」探索してみたところ本当に幼虫がいたのだそうだ。中島さんのカバシタ探索の旅は終わりそうもない。

こうしてカバシタムクゲエダシャクの卵、幼虫、蛹(さなぎ)、成虫の各ステージがついに確認された。[17] 次に新しいガの図鑑がつくられるときには食草欄に「ツルウメモドキ、ニシキギ」と記述されるはずだ。

食草がわかることの意味は大変大きい。僕も最近、中島さんらが明らかにした知見を参考に探索したところ、カバシタムクゲエダシャクを新たな産地で発見することができた。何十年もガ屋たちの網にかからず幻とまで言われていた珍種が、にわかイモムシ屋の自分にあっさり発見されてしまうことには、ちょっぴり寂しさも覚えるが、最初に解明した人の偉大さを実感している。

中島さんはしばしばこんな表現を使う。「この種は僕があけました」「あ

幼虫大戦争について、1960年代中頃から幼虫に興味をもったガ屋がシャチホコガ科やヤガ科カトカラ類あたりから手をつけ、お互いに競うように新発見を報告しあい、速報のコピーが飛び交い、数年間で一気に知見が集積されたそうです。

のグループは沖縄の○○さんがあけたから……」。この「あける」は未知種の幼虫やその食草、生態を解明するという意味で使われるようで、扉を「開ける」や「明るくする」に由来する言い方なのだろうと思う。

1960年代、未知という空白が今よりもさらに大きかった時代、ガ屋たちが未知の幼虫の探索に心血をそそいだ時代があったと聞く。互いに激しく競い合うように解明に挑んだことから「幼虫大戦争」[14]と呼ばれていたほどで、日本産イモムシの解明はこのときに一気に進んだ。その成果は『日本産蛾(が)類生態図鑑』[18]となって発刊されているが、幼虫発見に至る経緯や発見者の思いまでもが書かれていて、当時の空気が伝わる熱い書物になっている。中島さんをはじめとするたくさんのガ屋、幼虫屋がフィールドを駆け回り、飼育棚で地道に世話をすることで、それぞれの生態が解明されてきた。図鑑の記述は簡潔だが、その裏に先人たちの膨大な探求の積み重ねがある。

スペシャリストとジェネラリスト

多くのイモムシは植物の葉を食べる。

『イモムシハンドブック』[4]で666種の食性を調べてみたところ、植物食は630種で全体の97・3パーセントを占めていた。『日本の鱗翅類』によれば鱗翅目(りんしもく)の99パーセント以上は

イモムシの食性

植物(被子植物、裸子植物、シダ、コケ)………648種(97.3%)

葉　630種(植物食の97.2%)

材や茎の髄　8種(1.2%)

花、果実、種子類　19種(2.9%)

腐植物(枯葉、朽木)　5種(0.8%)

菌類(地衣類を含む)………………………………14種(2.1%)

動物………………………………………………11種(1.7%)

生きた動物を捕食　7種(動物食の63.6%)

生きた動物に寄生　2種(18.2%)

巣材、糞など　2種(18.2%)

他生物からの給餌　2種(18.2%)

※『イモムシハンドブック』掲載666種調べ、複数食のものがいるため合計は666種(100%)にならない

植物を食べているとある。植物中の部位では、葉を食べるものが圧倒的に多く、『イモムシハンドブック』調べでは植物食中の97・2パーセントが葉を食べる。葉以外では花、果実、種子、材や髄、枯葉などがあるが割合的には少ない。植物以外の食物では菌類や地衣類、動物を食べるものがいて、後に紹介するように生態的に大変興味深い種が含まれているのだが、全体からすればごくわずかだ。

植物食のイモムシは食べる植物の種類がそれぞれに決まっていて、特定の種しか食べないものもいれば、いくつかの科の植物を食べるものもいる。『日本の鱗翅類』ではこの食草範囲の狭い広いの違いを3タイプに分けている。

・単食性(1種あるいは同属近縁種の植物だけを食べる)

・挟食性(単一属あるいは同科の近縁属の植

野外での探索という点から見ると、**スペシャリスト**のイモムシは発生する植物が限定できるので狙いが絞りやすく、**ジェネラリスト**のイモムシは逆にいろいろな植物にいる可能性があるのでむしろ探しにくいという傾向があります。

物だけを食べる）

・広食性（複数の科の植物を食べる）

これを生き方の方向性としてみれば、前者ほど専門性の高いスペシャリスト、後者ほど何でも屋的なジェネラリストという言い方ができるだろう。

ジェネラリストのイモムシは広範囲の植物を食べることができるから、もし植生や環境の変化があっても、食草を転換し柔軟に対応する可能性がありそうだ。一方、スペシャリストはある植物に特化し、他のイモムシが食べない植物を独占できる利点があるが、もしその植物が減少する場合には共倒れになるリスクもあるだろう。

イモムシは植物を食べる側の立場、植物は食べられる側の立場だ。しかし近年、昆虫と植物の関係はそのような一方的で単純なものではないことが明らかになってきている。植物の側も実はさまざまな防御を行っていて、植物を食べることはかなり大変なことらしいのだ。それはイモムシがどうして特定の植物しか食べないのかに対する理由でもある。以下、最近の研究からイモムシと植物のやりとりを見てみよう。

イボタガとカイコの秘密

イボタガ（イボタガ科）というイモムシがいる。ビジュアル系イモムシが大好きな僕は、

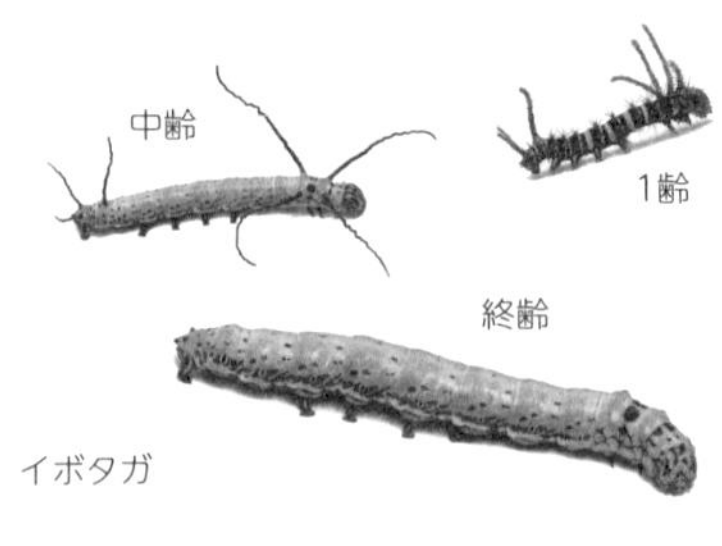

このイボタガを大変かっこいいと思う。黒くて光沢があり細かく波打つ鞭のような長い突起が7本もあって、まるでマンガに登場する雷に打たれたキャラクターか何かのようだ。どうしてこんな縮れた突起でないといけないのかさっぱりわからないところが魅力的だと思う。突起は1齢から存在し齢を重ねるごとに長く立派になっていくが、終齢になった途端消えてしまう。残念だ。早春に出現する成虫も大型で、翅（はね）には目が吸い込まれそうな目玉模様と縞々があり人気が高い。

イボタガが食草とするのはイボタノキなどのモクセイ科樹木。イボタノキは林内のやや湿ったところに生える低木でイモムシ屋には気になる植物だ。というのもこの植物にはイボタガ以外にも、サザナミスズメ（スズメガ科）やウラゴマダラシジミ（シジミチョウ科）といった他の植物では見られないイモムシが見つかるからだ。

イボタノキの化学的防御に関する研究[19]によると、イボタノキの葉の抽出液には強力なタンパク質変性活性があり、リジンというアミノ酸を減少させる性質がある。リジンは生物の成長にかかせない必須アミノ酸の一つなので、葉を食べると逆に栄養価不足に陥って成長できない。実際、イボタノキ抽出液をまぜた人工飼料をカイコに与えると、摂食するのに

カイコはイモムシ（芋虫）とは違う意味で最も人と深く関わってきた幼虫です。江戸時代の『和漢三才図会』でも多くの紙面を使い紹介しています。そもそも「おかいこさま」と「お」に「さま」までつけて呼ぶ虫はカイコだけですよね。

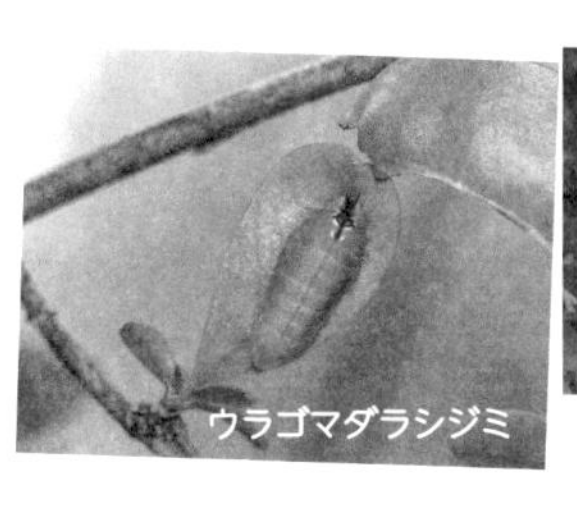

イボタノキ食のイモムシ

ほとんど成長できないという。イボタノキの葉はいわゆる毒ではないが、やっかいな栄養阻害物質を含んでいる。

ではイボタガなどイボタノキ食のイモムシたちはどうして成長できるのだろうか。研究によれば、イボタガやサザナミスズメの消化液は他種と比べて高濃度のグリシンというアミノ酸を、またウラゴマダラシジミはGABAというアミノ酸を含み、これらはタンパク質変性を阻止する働きがあるという。この相殺する仕組みがあるからこそイボタノキの葉を食べて成長することができる、ということらしい。

イボタガたちは化学的防御突破の仕組みをもっているからそれを食草にでき、その仕組みをもたないものは食べられない。だからこそイボタノキにはいくつかの限定されたイモムシしか見られないのだ。

植物とイモムシのこのような化学的攻防は、目には見えないが広く存在しているらしい。よく知られたカイコとクワの間にも同様の関係があることがわかっている。

カイコ（カイコガ科）は人の手で飼育され、家畜化された世界で唯一の昆虫だ。祖先種は野生種のクワコと考えられているが、染色体数の比較から日本産のクワコが直接の先祖というわけではないらしい。カイコと

カイコとクワ

クワコは単食性のスペシャリストで、食草はともにクワ（栽培種マグワと野生種ヤマグワ）だけだ。

　僕は少年時代の一時期を埼玉県北部で暮らした。そのころはまだ養蚕が健在で、農家の友人宅に遊びに行くとカイコがクワの葉を食べる「シャクシャク……」という音が家中で聞こえていたことを思い出す。カイコがクワの葉を食べる様を見ていると、いかにもおいしそうと思うのだが、ためしにかじってみると微妙に甘苦い。この感覚もあながち外れではないようで、クワの葉は有毒あるいは成長を阻害する物質を含んでおり、これを食べられるのは特別な仕組みを備えたものだけだということがわかってきている。

　エリサンやヨトウガという多様な植物を食べるジェネラリストタイプの幼虫にクワの葉を与

エリサン（ヒマサン）は人が糸をとるために改良したヤママユガ科の１種です。祖先種はシンジュサンと考えられ、その１品種または独立した種として扱われています。トウゴマ（ヒマ）、キッシル、ガスリ、ボグリなどが食草です。

えると、ちゃんと食べはするが成長することができず、すべて4日以内に死亡してしまうという。興味深いことに、葉を細く切って洗浄して与えた場合には、死ぬことなくちゃんと成長できるらしい。[20]

クワは傷つくと切り口から白い乳液を出す性質がある。乳液には3種の糖類似アルカロイドという物質が含まれており、これは糖に似た構造をもち、消化や代謝を阻害する働きをする。通常、葉中の含有量は低濃度だが、乳液中にはその約100倍の高濃度で含まれている。葉が傷つくと乳液が出るので、葉を食べようとすれば乳液も摂取してしまう。エリサンやヨトウガが葉を食べて死んでしまうのは、クワの化学的防御のためだったのだ。

スペシャリストのカイコはクワの葉を食べても正常に成長することができる。詳しいしくみはまだわかっていないようだが、耐性酵素を発達させることによってこのしくみを突破しているのだろうと考えられている。

イボタガはイボタノキ、カイコはクワ。スペシャリストのイモムシはなぜ特定の植物の葉しか食べないのか、化学の目でイモムシと植物の関係を見るとその答えが見えてくる。植物はただ黙ってやすやすと食べられているわけでなく、毒性物質や成長阻害物質などで防御している。その葉を食べるイモムシは、その防御を突破することに成功したごく限られたものたちなのだ。

マイマイガは「何でも」食べる？

限られた植物しか食べないスペシャリストに対して、広範囲の植物を食べるジェネラリストなイモムシもいる。その代表ともいえるのがマイマイガだ。

マイマイガ（ドクガ科）の原産地は日本、ユーラシア、北アフリカだが、北アメリカにも侵入して世界ワースト侵入種100に選定されている。1齢期のみ毒刺毛をもつがそれ以降は無毒で、それでも広く害虫扱いされているのは、周期的に大発生し「何でも」大量に食べてしまうからだ。

マイマイガは実際、野外では様々な植物上にいる印象を受ける。しかし細かく観察すると、必ずしも何でもではないと気づく。僕のフィールドノートの記録によると、2014年に食害が目立った植物はクヌギ、コナラ、カキノキなどで丸坊主になる木もあったが、一方でマイマイガにも好き嫌いがあると考えられる事例があった。たとえばクワにフジがからみついている状況では、フジは丸坊主になるほど食べられたのにクワはほとんど食べられていなかった。またフジのからみついたヌルデでは、ヌルデが激しく食べられているのに、フジはほとんど食べられていなかった。つまり好みはヌルデ、フジ、クワという順になっていて、マイマイガにもちゃんと好き嫌いのようなものがあるのだと気がついたのだった。

ただし記録で見れば、マイマイガの餌植物リストは大変長いものになる。日本産マイマイ

マイマイガは後に紹介するように大発生することがあります。そこら中の植物にいて「またマイマイガかあ」と思うほどですが、イモムシの発生が全体に少ない年はマイマイガを見ると「とりあえずマイマイガはいてくれた」とほっとします。勝手なものですね。

マイマイガの食草適合性ランク

A（1齢のまますべて死亡）：イチイ、ヤマグワ、ノリウツギ、アジサイ、イヌエンジュ、ハリギリ、クサソテツ、スイセン、イタドリ、クマイザサなど

B（2齢に達せず生存率50%未満）：クロマツ、スギ、ガマズミ、ザゼンソウ、イラクサ、ニリンソウ、タチツボスミレ、ヒメオドリコソウなど

C（2齢に達せず生存率50% 以上）：タニウツギ、スギナ、ヨシ、ギシギシ、オオイヌノフグリなど

D（2齢に達し生存率50% 未満）：イチョウ、メタセコイア、ミツバアケビ、ヤマブキ、トチノキ、エゴノキ、シャクヤク、ワスレナグサなど

E（2齢に達し生存率50% 以上）：カラマツ、オニグルミ、オノエヤナギ、ミズナラ、ケヤキ、ソメイヨシノ、ニセアカシア、ミズキ、オオバコ、セイヨウタンポポなど

※A ほど適合性が低く（食草として適さない）、E ほど適合性が高い（食草として適する）ことに注意、小野寺・原,2011（21）より一部抜粋

ガの文献に登場する食草を集計すると、木本、草本あわせて179種にもなるという。[21] この研究ではマイマイガの1齢幼虫と3齢幼虫に様々な植物を与え、生存・成長の割合から、食草としての適合性ランクを算出することを試みている。一部抜粋して紹介すると上の表のようになっている。

マイマイガが食べても成長できない植物がこれほどある（これでも一部だ）ことにまずびっくりさせられる。最も適合性の低いAランクにはヤマグワが入っているが、先に紹介したようにクワの葉には消化や代謝を阻害する物質が含まれているのでそれが関係しているのだろう。逆に適合性が最も高いEランクにはブナやミズナラなどのブナ科植物が入っていてこれも僕の観察と一致している。適合性には齢によるちがいがあって、また新葉と旧葉でのちがいもある

マイマイガ

という。どの成長段階で、どの植物の、どういう状態の葉を食べられるのかといった細かい条件があるらしいのだ。一見、何でも食べるという印象のマイマイガのようなジェネラリストイモムシも、植物の化学的防御を突破できるかどうかという点においてはスペシャリストイモムシと同じなのだろう。

森林にはさまざまな植物が生え、緑の葉を茂らせている。イモムシなど多くの植物食昆虫が葉を食べるが、ある試算によれば、そうやって食べられているのは植物の現存量のわずか10パーセント以下にすぎないという。[22] 緑が食べ尽くされ、なくなってしまうことはない。それは植物がさまざまな防御システムを講じて食べられないよう絶えず努力を払っているからなのだろう。イモムシと植物のせめぎ合いの結果としてこの世界の緑は保たれている。

野外でイモムシを見ていると「**どうしてもっと増えないんだろう。**葉っぱはまだこんなにたくさんあるのに」と思うことがあります。上の研究によれば、増えないのではなく「増えることができない、これが精一杯」ということなのかもしれません。

ブナ科コナラで見られる
シャチホコガ科のイモムシ

イモムシはブナ科植物が好き？

イモムシにスペシャリストとジェネラリストがあるように、植物の中には、ごく限られたイモムシしか見られない植物もあれば、多くの種類のイモムシが見られる植物もある。前者の一例としてはミカン科の植物があげられる。ミカンやサンショウで目立つのはアゲハやクロアゲハなどアゲハチョウ類くらいだ。逆に多くの種類のイモムシが見られる印象を受けるのがブナ科の植物だ。野外でイモムシを探索する際にもコナラやクヌギなどのブナ科植物に目を向けている時間が多い。これらの植物でいろいろなイモムシに出会うという経験的な印象をもっているからだ。

この「ブナ科植物にはイモムシが多い」は実

イモムシの食草植物ベスト10科

順位	科名	種数	動物食以外中の割合
1	ブナ科	153	23.1%
2	バラ科	109	16.5%
3	マメ科	58	8.8%
4	イネ科	50	7.6%
5	ヤナギ科	47	7.1%
6	カバノキ科	45	6.8%
7	ニレ科	41	6.2%
8	クワ科	28	4.2%
9	クルミ科	26	3.9%
10	キク科	22	3.3%

※広食性の種については一部代表的な科だけをとりあげた

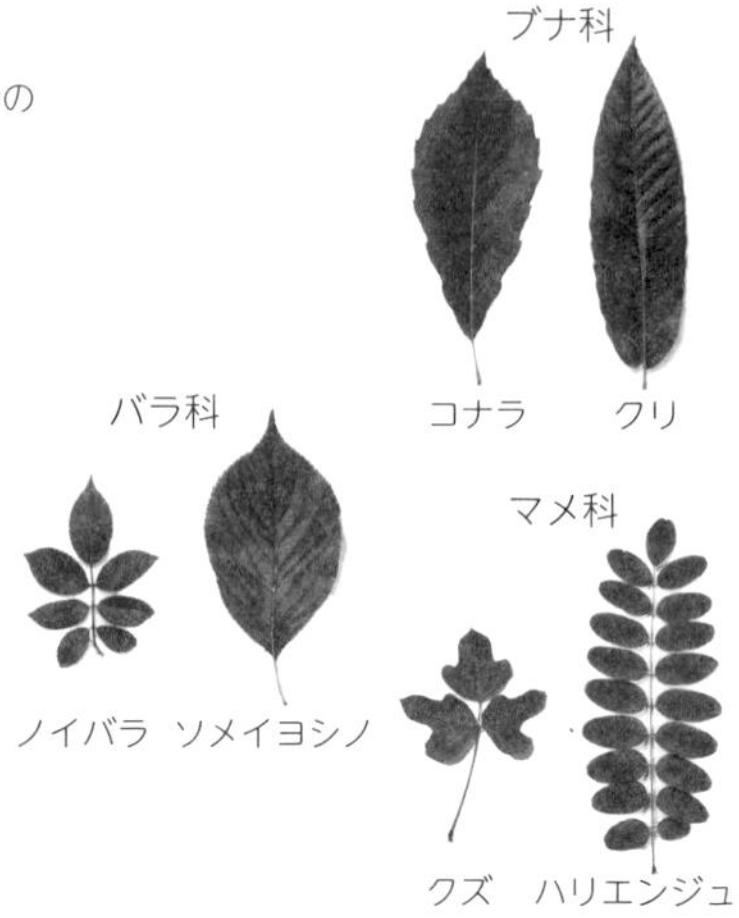

際に当たっているのだろうか。それをたしかめるため、『イモムシハンドブック』掲載種の食草リストを科レベルで作成し、科ごとのイモムシ種数を集計してみた。上の表はそうやって割り出したイモムシが好きな植物ランキングベスト10だ。

　これによると第1位はやはりブナ科で153種、植物食の23・1パーセントに達する種が食草にしていた。あくまでも大雑把な調査ではあるものの、先のフィールドでの印象もあながちまちがいではなさそうだということがわかる。第2位には109種（16・5パーセント）でバラ科が入った。第3位は58種（8・8パーセント）のマメ科で、以下イネ科、ヤナギ科、カバノキ科……とつづく。

　この結果はいろいろな場面で応用がきくのではないだろうか。たとえばイモムシを探索をす

ベスト3のブナ科、バラ科、マメ科などの食草植物が近くにあると飼育に便利です。うちは庭にコナラ、クヌギ、ウメ、ノイバラ、エノキ、サンショウ、カラタチ、家庭菜園にダイズ、サツマイモなどがあります。バタフライガーデンならぬ**イモムシガーデン**です。

る際にはミカンやクワといったランク外の植物よりは、ブナ科やバラ科など高ランクの植物に注目して歩くと、いろいろな種類のイモムシに出会う可能性が高くなるだろう。あるいは食草がまったく不明なイモムシを飼育するなどという場合に、ランクの高い順に試してみるとヒットする確率は高くなるはずだ。

逆に、変わったタイプのレアイモムシを見たいときには、これらの人気樹種はあえて外して探索することが成果につながるかもしれない。たとえばカイコのご先祖にあたるクワコはクワ科クワ（ヤマグワ、マグワ）でしか見られないし、ヤママユガ科の中でも特別感のあるクロウスタビガはミカン科キハダのみが食草とされている（まだ野外個体を自力で見つけたことはないけれど）。

僕の個人的な調査だけでは不安だったが、より大規模に調べた研究でも同様の結果が示されていた。[23] この研究によると、滋賀県のブナ科3種（クヌギ、アベマキ、コナラ）で見つかった幼虫の種数は計232種だった。また日本産鱗翅類5750種の文献データを集計すると、ブナ科を利用するものは586種になり、総種数の11パーセントに相当するという。やはりブナ科植物はイモムシに好まれているといっていいだろう。

ではイモムシはなぜブナ科植物を好むのだろう。植物の被食防衛の視点からは、ブナ科植物の防御機構は他科の植物のものに比べて突破しやすいしくみなのではないかと想像したくなるが、それを示すような資料は見つけられなかった。

先の研究者はこの「イモムシはブナ科好き」問題を歴史的な視点から考察している。被子植物が地球上に出現したのは中生代白亜紀前期で、ブナ科植物はその少し後の白亜紀後期にあらわれる。一方、鱗翅目(りんしもく)で最初に被子植物を食草にしたと考えられるのはモグリコバネガ科だが、これはブナ科に近縁のナンキョクブナ科を食草としている。またそれより少し進化したと考えられるスイコバネ科はブナ科、カバノキ科、バラ目を食草としている。被子植物と鱗翅目は時代を同じくして出現し、起源の古いグループはブナ科やその近縁の植物を食草としている。鱗翅目とブナ科植物は深い歴史的関係にあるからこそ現在もブナ科植物を食べるものが多いのではないかというわけだ。

植物の防御のしくみとそれを何とか突破しようとするイモムシの攻防は両者が出現した時代からずっとつづいていて、その途上の姿を僕たちは見ている。

ユッカとユッカガの切っても切れない関係

植物の防御ハードルが特殊で高くなるほど、それを食べることのできるイモムシは限られていく。しかしスペシャリストになるほど、その植物なしでは生きられなくなる。植物とイモムシが一対一の、お互いの存在なしでは生きられない関係にまで発展したものがいる。その一例がユッカとユッカガだ。

人間誕生以前の時代は産出化石等にもとづく地質年代で区分されています。中生代(三畳紀、ジュラ紀、白亜紀に分かれる)とは2億5千万年前から6千万年前の、恐竜が繁栄していた時代です。鱗翅目の最古の化石はこの時代の地層から見つかっています。

ユッカ類

ユッカは北中米原産のリュウゼツラン科多年生植物で、日本には自生していないがアツバキミガヨランなどが各地で観賞用に栽培されているので、見たことのある人も多いのではないだろうか。ユッカは大きく長い花茎をのばし白い花を咲かせるが、その受粉は特別な昆虫ユッカガだけが行う。[24]

ユッカガはアメリカ大陸に分布するニセユッカガ科3属の総称で、幼虫はユッカの種子を食べて育つ。ユッカガのメスは産卵の際に驚くべき行動をとる。ユッカの花にやってきたメスはまず口器で雄しべの花粉を集め、花の子房に卵を産みつけ、たくわえていた花粉を雌しべに押し当て受粉させる。受粉によりユッカの果実は成長し、中の種子は大きくなるが、この種子が幼虫の餌となる。

ユッカガによってユッカの花は確実に受粉し、

カンコノキ果実

カンコノキ花

種子の一部は幼虫によって食べられてしまうが大部分は残る。ユッカはユッカガへの依存度を究極に高めていて、蜜腺は退化し他の昆虫は花に引きつけられない。ユッカガとユッカ、どちらも相手なしにはなりたたない関係にまでなっているのだ。ユッカガもユッカも多くの種類があり、それぞれがそれぞれとの関係をもっているという。

日本でもこれとよく似た関係が発見されている。カンコノキとハナホソガ（ホソガ科ハナホソガ属）だ。

カンコノキ属植物（コミカンソウ科）は日本では南西諸島を中心に分布している。花は蜜を分泌しないのでほとんど昆虫は訪れない。唯一やってくるのがハナホソガだ。㉕

ハナホソガのメスは、まず雄花を訪れ、口吻（こうふん）を巻き伸ばしして花粉を集める。つづいて雌花を訪れ、その花粉を柱頭に丹念にこすりつける。この行動のために口吻には微細な毛の密生という特殊化まで起きている。メスは受粉後、長い産卵管を子房に突き刺して1卵を産みつける。ハナホソガが受粉した雌花は果実となり、カンコノキの場合12個の種子ができる。ハナホソガの幼虫は種子を食べるが、その量は一匹あたり2～4個なので種子が食べ尽くされることはない。

野外ではカンコノキ類をほとんど観察したことがなかったので植物園で花と果実の実物を見てきました。数ミリ大と想像以上に小さくてビックリ。ハナホソガもほぼ同サイズなので観察は大変そうですが、受粉現場をぜひ見てみたいものです。

カンコノキ属植物は日本に数種あって、それぞれ別のハナホソガが送粉している。花は特異的な匂いを発していて、ハナホソガはこれを頼りにそれぞれの寄主植物にたどりつけるらしい。カンコノキとハナホソガもお互いになくてはならない一対一の関係にまで発展してきたのだ。

このような種特異性の高い共生系では、お互いに相手を独占的に利用できる一方、危うさも抱えている。たとえば一般に知られているように、イチジクはイチジクコバチによってのみ受粉するが、日本にはイチジクコバチがいないので、日本のイチジクは自然状態で種子はまったくできない（食べる人間には都合がいいわけだが）。

ハエトリナミシャクとカタツムリカザリバ

イモムシには植物以外を食物とするものがいる。わずか1パーセント以下の少数派だが、そこには多様な進化を遂げた鱗翅目（りんしもく）の広がりを見ることができる。そんな変わった食性の魅力的なイモムシたちを紹介しよう。

1970年代のこと、ハワイ大学のモンゴメリー博士はハワイ島の森の中で奇妙なイモムシに出会った。小さな緑色のシャクトリムシがハエをむしゃむしゃと食べていたのである。博士はこの幼虫の飼育を試みるのだが葉をまったく食べない。そこでためしにショウジョウバエを飼育容器に入れてみた。ハエが幼虫の尾部に触れたとたん、幼虫は鞭打つようにしなり、胸脚(きょうきゃく)でハエを捕らえて食べた。のちに世界があっと驚く、肉食性シャクトリムシの発見であった。[26]

その後の研究により、この幼虫はカバナミシャク(シャクガ科)の1種と同定され、またその生態がさらに明らかになった。ふ化後1日目から若いチャタテムシなどを捕食し、終齢(蛹化(ようか)前で22・2ミリ)の間に3ミリ大のショウジョウバエを平均43匹食べた。獲物の種類は小型昆虫を中心にハエ、ゴキブリ、コオロギ、チャタテムシ、ガ、コマユバチ、ハゴロモ、トビムシ、クモと様々だ。感覚器官である尾部の毛への接触刺激が狩りの引き金で、先端に長い爪をもつ発達した胸脚によりすばやく獲物をつかむ。絶食にも強く42日間耐えたという。肉食シャクトリムシはこの種だけではなく、ハワイ産の同属種の少なくとも6種は捕食性らしい。

このシャクトリムシはハエを捕らえることからハエトリナミシャクなどと呼ばれている。ハエトリナミシャクは全幼虫期を通じて待ち伏せ型狩りをする捕食者であること、俊敏なハエを捕獲できるほど形態と行動の特殊化が進んでいる点できわめて特異なイモムシだ。ハワイでは最近、別の肉食イモムシも発見されている。カタツムリを襲って糸でぐるぐる巻きにして食べるという、これまたとても変わった習性だ。[27]

このイモムシはカザリバガ科のハイポスモコマ・モラシボラと命名されている。これにも

海洋島は海底火山やサンゴ礁の隆起によってできた島で、ハワイの他にガラパゴス諸島などが知られています。一方、日本などは大陸との距離が近く、もともと大陸の一部であったり、大陸と接続した歴史がある島であり、大陸島と呼ばれています。

ハワイに分布する鱗翅目の科

科	属数	種数
ヒラタモグリガ科	1	6
ハマキガ科	13	77
ホソガ科	1	30
ハモグリガ科	1	13
スガ科	1	1
コナガ科	1	1
アトヒゲコガ科	1	4
シンクイガ科	1	49
マルハキバガ科	1	40
ツツミノガ科	1	6
カザリバガ科	2	355
キバガ科	1	21
メイガ科	4	6
ツトガ科	11	197
スズメガ科	3	6
シャクガ科	7	73
ヤガ科	13	74
タテハチョウ科	1	1
シジミチョウ科	1	1

（『Hawaiian Insects and Their Kin』(28)より抜粋）

正式な和名はないが、種小名が軟体動物を貪欲に食べるという意味らしいので、仮にカタツムリカザリバと呼ぶことにしよう。カタツムリカザリバの幼虫は長さ8ミリほどの小さな細長い蓑(みの)に入ったミノムシで、植物上にいるが葉は食べない。小型のカタツムリを見つけると糸を吐き、獲物が葉から落ちるのを防ぐため殻ごと葉にしばりつけてしまう。殻を固定し終えると幼虫はケースから身を乗り出し、カタツムリの軟体部を殻の中まで追って食べてしまうという。

鱗翅目(りんしもく)広しといえども軟体動物を獲物とすること、糸を捕獲行動に用いることはこの種でしか見られず、それゆえ驚きの存在だ。

ハエトリナミシャクにせよ、カタツムリカザリバにせよ、どうしてハワイにはこのような特異なイモムシが出現したのだろう。

ハワイは太平洋上にポツンとある島で、大陸から3200キロ以上も離れた典型的な海洋島だ。陸生生物はよほど優れた移動能力がないと渡ってくることができない。ハワイの生物は偶然にたどりついたごく限られた祖先種から派生していて、そのためグループの構成にはかなりの偏りがある。たとえばハワイには他の大陸で普通に見られるゴキブリ、シロアリ、カマキリ、セミ、アリ、スズメバチ、シロアリなどがグループごとごっそりと欠けている。鱗翅目(りんしもく)中の構成もアンバランスで、たとえばチョウはタテハチョウ科のカメハメハ・バタフライとシジミチョウ科のコア・バタフライのわずか2科2種だけ、ガはヤママユガ科、シャチホコガ科、ドクガ科、ヒトリガ科などが欠落し、チョウ、ガあわせて19科となっている。[28] ちなみに日本の鱗翅目はチョウ5科、ガ83科（それぞれ[12][29]による）、計88科からなる。科数ではハワイは日本の四分の一以下の多様性しかない。

くわえてハワイには捕食性の昆虫が少なく、そのニッチが空いていた。このような特殊な条件の下で、本来は植物食だった祖先種から捕食性への転換が起こり、ハエトリナミシャクやカタツムリカザリバのような特異な肉食イモムシが誕生したのだろう。

ハワイに行って自分の目でこれらのトンデモイモムシたちを見てみたいと思っているのだが、残念ながら現在のハワイはオリジナル昆虫の楽園ではないらしい。というのも人間の移住にともない、すでにアリやゴキブリなど多くの外来種が侵入しており、ここに紹介したような生物構成は大きく変わってしまっているそうだ。

ニッチは生態学の基本概念の一つで、その生物が生態系の中で占める位置（地位）をあらわし生態的地位とも呼ばれます。もともとは教会などの壁につくられた、彫像などを置くためのくぼみのことらしいです。

日本の肉食イモムシ

ハワイのものほど特殊化はしていないものの、日本にも肉食性のイモムシは存在する。中でも純肉食性として知られているのがゴイシシジミだ。

ゴイシシジミ（シジミチョウ科）は北海道から九州に分布し、成虫は和名の由来である白地に黒色紋が描かれた特徴的な翅（はね）をもっている。このチョウの幼虫が見られるのは、主に白い粉をふいたササコナフキツノアブラムシが発生するササの群落だ。このアブラムシが多数発生したササは葉が枯れたように丸まるので遠目からも気づきやすい。葉裏に群れるアブラムシの中に体長10ミリほどの粉をまぶしたようなワラジ型イモムシがいたならば、それがゴイシシジミの幼虫だ。

ゴイシシジミのメスはアブラムシの群れの中に卵を産みつける。ふ化した幼虫は糸でつくったテント状の巣の中にいて、最初はアブラムシの分泌物を、次第にアブラムシそのものを食べるようになる。終齢になるとアブラムシの群れの中に居座り、おおいかぶさるようにしてアブラムシを食べる。

飼育下の観察によると終齢（4齢）期には乾燥重量21〜44ミリグラムのアブラムシを食べる。これは小型サイズのアブラムシコロニーの6〜13集団分にも相当するという。[30] ゴイシシ

ゴイシシジミ

ジミはアブラムシを食べ尽くしながら渡り歩く強力な捕食者だ。

ゴイシシジミの発生量はアブラムシの発生に応じて変動する。茨城県での調査によると、アブラムシは3月から増加し、6月下旬から7月上旬に最大発生量になるが、ゴイシシジミはアブラムシの成長を追いかけるように増加し、8月上旬に最大個体数となる。ゴイシシジミの集中的な捕食によりアブラムシは7〜8月に急激に減少、ゴイシジミも急激に減少し9月下旬には摂食をやめ越冬休眠に入るという。[31] アブラムシの発生は局地的でその場所も移り変わっていく。ゴイシシジミはアブラムシの発生状況に大きく左右されるアブラムシ専門ハンターだ。

ゴイシジミが発生するササ群落をていねいに調べると、もう一つ別の肉食イモムシが見つかる。セグロベニトゲアシガだ。

ゴイシシジミがどのくらいの数のアブラムシを食べるかなどということは、野外での一場面を観察しているだけではわからず、飼育下での観察ならではと思います。何コロニーも食べ尽くすとなるとアブラムシにとっては強力な天敵です。

アブラムシを捕食する

成虫

糸でつづった巣にひそむ

セグロベニトゲアシガ

セグロベニトゲアシガ（ニセマイコガ科）の成虫は鮮やかな赤い翅（はね）と、トゲのついた後脚を高く持ち上げる静止姿勢が特徴的なガだ。幼虫は成長すると何枚かの葉をつづった大きな巣をつくるが、周辺にアブラムシの残骸が捨てられているのが目印になる。しばらく見守っていると、巣から出てアブラムシを捕食する場面を見ることができる。

両種の獲物となるササコナフキツノアブラムシには兵隊アブラムシがいる。防御に特殊化していて、捕食者に出会うと長い前脚でつかみ頭部の長い突起で突き刺す行動でコロニーを守る。セグロベニトゲアシガのメスはこのアブラムシの群れの中に産卵するが、その卵については興味深い報告がある。兵隊がいるコロニー内の卵と、兵隊のいないコロニー内の卵でふ化率を比べると、両者には差がほとんど見られず、卵が

ボクトウガ

アブラムシに化学的に擬態している可能性があるという。[32]

日本の純肉食性イモムシのほとんどはアブラムシを獲物としている。ハエトリナミシャクのように敏捷なハエを捕らえるにはそれに応じた体や行動のしくみが必要であり、逆に形態や行動をそれほど特殊化せずに捕獲できるのがアブラムシということなのかもしれない。

一方、樹液場の虫ハンターではないかと考えられているイモムシもいる。ボクトウガだ。ボクトウガ（ボクトウガ科）は体長45ミリほど、胴部が赤紫色で、クヌギ、コナラなどブナ科樹木の幹に穿孔し、主に材を食べる。

香川県で樹液を出すブナ科樹木（クヌギ、アベマキ、コナラ）を調べた研究[33]によると、35本中27本からボクトウガ幼虫が見つかり、意外な行動も観察された。樹液を吸いに集まるダニやアリ、ハエを実際に捕食する場面や、スズメバチ、カナブン、チョウなどを坑道に引きずりこもうとする場面が見られたのだ。ボクトウガは材を食べるだけでなく、他の虫を捕食するという肉食性の側面もあるらしい。ボクトウガは坑道入り口付近をかじる行動を見せるが、これにより樹液は滲出しつづけることになる。これらのことから、ボクトウガが樹液性昆虫を捕食するために

樹木は傷つけば多かれ少なかれ樹液が出ます。コウモリガがあけた穴からもシロスジカミキリが産卵した跡からも出ますが、これらは時間とともにふさがります。ボクトウガの入った樹液場はたしかに長続きするような気がします。

樹液を能動的に滲出させ、樹液場をメンテナンスしているのではないかとも考えられている。たしかにボクトウガのふるまいは、材食にしては不思議な印象を受ける。トンネル状の覆いがもうけられた坑道口から外の様子をうかがうように頭部を出していることがあるのだ。ガが口吻を伸ばしながら近づくこともあって「いよいよハンティングか？」と期待して見守るのだが、残念ながら捕食シーンにはまだ出会えずにいる。

寄生するイモムシ

夏、腹部に白い塊を抱えたセミを見たことはないだろうか。この白い塊こそ、世界で唯一セミに寄生するイモムシ、セミヤドリガだ。

セミヤドリガ科は世界に約30種という小さなグループだが、全種がウンカ、ハゴロモ類などに寄生するという変わった生態のグループだ。日本からはセミヤドリガ、ハゴロモヤドリガの2種が知られている。

セミヤドリガは本州から九州に分布し、ヒグラシ、アブラゼミ、ミンミンゼミ、ツクツクボウシ、ニイニイゼミ、ヒメハルゼミなどのセミに寄生するが、もっとも多い寄主はヒグラシだ。だからヒグラシの好む薄暗い針葉樹林周辺で見られることが多い。

1齢幼虫は体長1ミリほど、セミ胸部の節間に入り込んでいるため、見つけることは難し

セミヤドリガ

い。3齢以降になるとセミの腹部背面に付着し、5齢では白い蝋状物質を分泌するようになって薄暗い林の中でも目立つようになる。幼虫はセミの体液を吸うと考えられているがセミが死ぬことはないらしい。成熟するとセミから離れ、白い蝋状物質におおわれた繭をつくって蛹化し、2週間ほどで羽化する。オスの記録は限られていて、ほとんどはメスだ。メスは樹皮などに産卵し、越冬した卵が翌年になってふ化する。[34]

ふ化幼虫がどのようにセミまでたどりつくのかは未だわかっていない。木でセミにとりつくと予想されているが、卵に強く息を吹きかけるとふ化する現象が見られることから、セミが幹にとまるときの風圧がふ化のタイミングになるのかもしれないという興味深い仮説も立てられている。飼育下でのメスの産卵

セミヤドリガの卵がセミが着木するときの風圧でふ化するのではという説に、編集Tさんは「そんなことありえるでしょうか？？」。僕としては1齢幼虫がセミの脚をよじ登る（はずの）場面を写真でも動画でもいいので見てみたいです。

ベッコウハゴロモに寄生した
ハゴロモヤドリガ

数は平均700個で、これは鱗翅目の平均的な数の範囲であり、寄生性昆虫としてはむしろ少ない。セミにたどりつく何らかの巧妙なしくみが組み込まれているはずだが、それは何なのだろう。

日本産のもう1種、ハゴロモヤドリガはベッコウハゴロモやアオバハゴロモなどの成虫、幼虫に寄生する。ハゴロモ類はセミよりずっと小さく、寄生するハゴロモヤドリガの姿はかえってよく目立つ。成虫は年2回発生で、シャーレ内での実験では、ふ化した1齢幼虫は発達した胸脚で活発に歩きまわり、寄主の胸と腹の間や前翅の基部にとりつくという。また下唇下半分がロート状になり先端が細く突き出した口吻となっていて、これで体液を吸っているらしい。(35)

アリとイモムシ

シジミチョウ科のイモムシにはよくアリがつきまとう。ムラサキシジミやヒメシジミ、ムモンアカシジミなどはアリを何匹も引き連れているので、それが探索の目印になるくらいだ。

アリと関わりをもつ好蟻性動物は、世界で17目130科数千種の記録があり、日本に17目46科300種もいるという。[36] イモムシ界ではシジミチョウ類でアリとの関係が深く、日本産の約56パーセントにあたる39種でアリとの関係がみられる。とくにいくつかの種は特定のアリと強い関係をもち、キマダラルリツバメはハリブトシリアゲアリの、クロシジミはクロオオアリの巣の中でアリに給餌されて育つ。ゴマシジミとオオゴマシジミは、前半は植物食で、後半はシワクシケアリによって運ばれた巣の中でアリの幼虫を食べる捕食者となる。このようなアリの巣性イモムシの生態には心ひかれるものがあったが、僕は野外で観察したことがほとんどなかった。

そんなとき、好蟻性昆虫に詳しい坂本洋典さんの野外調査に同行させてもらう機会を得た。調査の目的はオオゴマシジミの幼虫探し。待ち合わせて山地斜面にある谷筋ポイントへと向かった。

オオゴマシジミの幼虫は若齢時はヒキオコシ類の花を食べ、4齢になるとアリによって巣に運ばれて巣内で育つという生活史になっている。アリの巣にいるイモムシはどのように探すものなのだろう。

「まずアリを探します。朽ち木や石の下のシワクシケアリが狙いです」

そう聞いて朽ち木、石を片っ端から起こしてまわるが、アリに疎(うと)い僕はまずアリがなかなか見つけられない。たまに見つかってもそれがシワクシケアリかどうかがわからない。当たり前だが、好蟻性イモムシに会うためにはまずアリがわからなくてはだめなのだ。アリを見

ヒメシジミやムモンアカシジミなどが**アリを連れ回す**様子はとても不思議な光景に見えます。アリが好む甘露などを出すなどの仕組みがあるにせよ、アリというのはそんなに簡単に踊らされるものなの、とも思うのです。

る目がない僕にはハードルが高い。

「いましたよ！　オオゴマシジミです」

結局、自力では発見できず、坂本さんが見つけた巣を観察させてもらう。歩き回るアリの群れの中に紅色をした小さなイモムシが数匹鎮座していた。オオゴマシジミだ。アリがときどき近づいて触角でさわったりするものの、それ以上は気にする様子がない。化学擬態の効果なのだろうと感心するが、明らかに違う生き物がアリの群れの中に普通にいるのはとても不思議な光景に見えた。

「ゴマシジミなんかの場合ですと、幼虫一匹が成長するためにはアリの幼虫を数１００匹も食べてしまいます。ゴマシジミはアリにとってはっきり言って害虫なんですよ」

坂本さんの説明を聞いてびっくりする。言われてみれば当たり前だが、これらアリの巣に入り込み、その幼虫を捕食するイモムシが生息していくためには、ホストのアリが十分に生息していることが絶対条件なのだ。

「ゴマシジミやオオゴマシジミには関心が向くけれど、アリの保護まではなかなか目が向かないんですよね」

残念なことにオオゴマシジミやゴマシジミは各地で生息数を減らしている。チョウは愛好者が多く、これらのシジミチョウに対する関心も高いが、一方でアリのことまで考える人は少ないと坂本さんは嘆く。アリの巣性シジミチョウ探しをしてみて、アリのことも含めて考えないと、これらのチョウを保護することは難しいという坂本さんの言葉に納得するのだった。

より身近なアリの巣性イモムシもいる。マダラマルハヒロズコガ（ヒロズコガ科）だ。1センチ大の8の字形をした蓑（みの）に入ったミノムシスタイルで、トビイロケアリやクロクサアリなどの巣の周辺で普通に見ることができる。蓑の形から「つづみみのむし」などと呼ばれることもある。

マダラマルハヒロズコガはミノムシのように蓑から頭胸部を乗り出しつつ移動するが、アリに出会うと体をすばやく引っ込め蓑の中に閉じこもる。アリは触角で触ったり上に乗ったりするが、それ以上は攻撃しない。マダラマルハヒロズコガはアリの姿のない朽ち木中から見つかることもある。アリとはどういう関係で、そもそも何を食べているのだろうか。

クサアリなどのアリの行列をながめるのに夢中になった時期があります。アリの中にハネカクシやアリヅカムシといった**好蟻性動物**が混じっているのです。よく見れば全然違う姿の生物がアリと同じように列をなして歩いているのもまた不思議な光景です。

アリの巣の周辺でよく見られる
蓑から身を乗り出して活動する

アリと出会うと蓑にかくれる
成虫

マダラマルハヒロズコガ

マダラマルハヒロズコガを解剖すると、腸には植物組織や昆虫の体の破片やアリ幼虫の表皮が見られ、また飼育下でアリの幼虫を与えると捕食するという。一方、幼虫を蓑から出した状態ではアリにかみ殺されてしまうらしい。[37] 最近、野外でモリシタケアリの生きたオスアリを捕食する場面が観察され、また飼育下では生きたゴキブリ幼虫を捕食することもあるそうだ。[38] これらのことから考えると、マダラマルハヒロズコガの食性は肉食傾向のある雑食性といったところのようだ。

アリの巣やその周辺には食物資源が豊富にある。もしもその群れにまぎれ込むことに成功すれば、強力なアリに守られながらその資源を利用することができる。しかしそのためにはアリの攻撃から身を守るすべや攻撃されないためのしくみがなくてはならない。たとえばアリと共

シロスジアツバ

生関係を結ぶシジミチョウ科のイモムシは体に蜜腺や伸縮突起、PCOsと呼ばれる微小な突起と孔をもっている。蜜腺は甘露を、PCOsはアミノ酸や炭化水素を分泌するなど、これらの器官を用いてアリを化学的、音響的、視覚的な信号で制御していると考えられている。[39]

枯れ葉、巣、ナマケモノの糞を食べる

そんなものまで？という食性のイモムシもいる。自然界の重箱の隅をつつく生き方のイモムシたちだ。

植物食ではあるが、枯れ葉しか食べないというイモムシがいる。僕が観察して印象的だったのはシロスジアツバ（ヤガ科）という種で、林縁に生えるカラムシの枯れた部位にとまっていた。それはアカタテハ（タテハチョウ科）の作った古巣で、株の中でその部分だけが枯れていた。シロスジアツバは褐色で地味な姿だったが、静止場所が気になったので連れ帰って飼育することにした。最初はカラムシの生葉を与えたがさっぱり食べず、発見時のことを思い出し、枯れ葉を与えるとようやく食べて成虫まで育ち、種が判明したのだった。図鑑によれ

ヒゲナガガ類の幼虫は蓑から半身を乗り出し、地面をあごで保持して体を引き寄せ、を繰り返し前進するのですが、たまに体を持ち上げて「前まわり」する習性があります。重なった落ち葉の間を行き来するためではないかといわれるのですが、不思議な動きです。

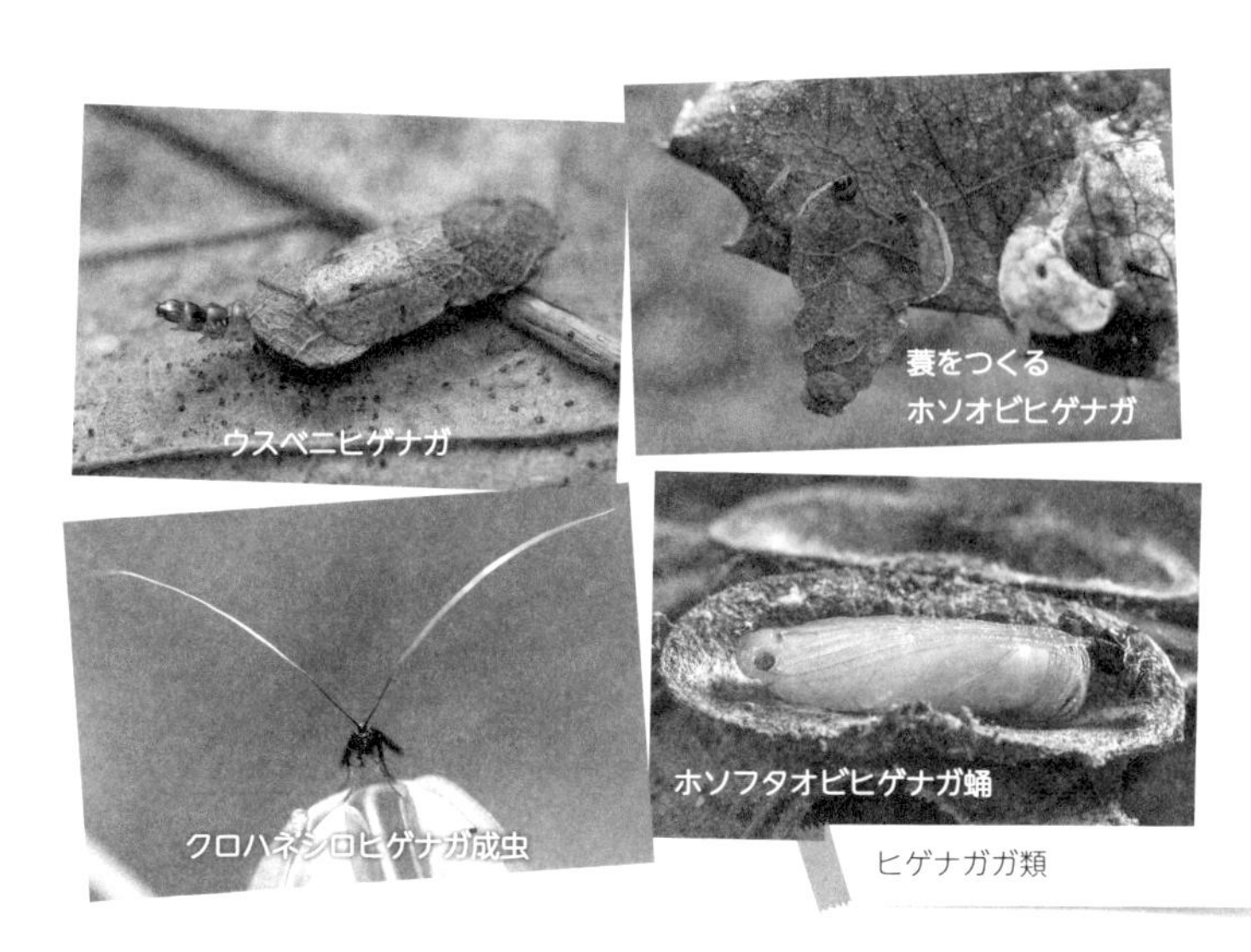

ヒゲナガガ類

ば、シロスジアツバが属するクルマアツバ亜科には枯れ葉食のほか、菌類や蘚類、シダ類など変わった食性のものがいて興味深い。

ヒゲナガガ科の幼虫も枯れ葉食だ。生活史の判明しているクロハネシロヒゲナガやゴマフヒゲナガでは、1齢では植物の生葉や茎内部を食べるが、2齢で地上へ降り、切り抜いた落ち葉片を綴り合わせた独特な形状の蓑（みの）に入って以降、枯れ葉食となる。飼育下で見る限り、落ち葉の樹種は決まっていないようだ。ちなみにヒゲナガガのオスの蛹（さなぎ）は面白い姿で、前翅（ぜんし）の何倍もある長い触角が尾部にきれいにぐるぐる巻きになっている。

シロスジアツバやヒゲナガガが枯れ葉だけを食べる理由については、先に紹介した植物の化学的防御と結びつけて考えたくなる。植物の葉は化学的防御システムによって守られてい

るが、枯れて死んだ組織になれば食べやすくなるのではなどと想像するのだが実際どうなのだろうか。

ハチの巣だけを食べるイモムシもいる。よく知られているのがハチノスツヅリガ（メイガ科）で、幼虫はミツバチ類の巣材を食べて育つ。そのため養蜂が行われている地域を中心にほぼ世界中に分布している。ミツバチの巣箱や巣の隙間に産みつけられた卵からふ化した幼虫は、巣の内部にトンネルを空けながら食べ進む。巣のワックスは消化しにくいため、体内の微生物に分解してもらって消化しているという。[40] ハチノスツヅリガは養蜂家にとっては害虫だが、飼育が容易なので（巣があれば水分なしで育つ）身近に活用されているイモムシでもある。釣り餌の「ブドウ虫」という名で出回っているものは養殖されたハチノスツヅリガだ。

鳥の巣で育つイモムシもいる。巣には枯れ草、枯れ葉、コケなど植物質の資源と、羽毛、食べ残しの節足動物、糞、吐き戻したペリットなど動物質の資源がある。鳥の巣からは、羽毛や獣毛に含まれるケラチンなどのタンパク質を食べるヒロズコガ科、枯葉食のミツボシキバガ科、糞や餌くず、枯葉などを食べるメイガ科、蘚類、木くずなどを

釣り餌に用いられる**ブドウ虫**、本来はブドウスカシバの幼虫です。ただブドウスカシバは大量飼育が難しいため、似た大きさ、姿で飼育がより簡単なハチノスツヅリガが代用となっているのでしょう。今では市販のほとんどがハチノスツヅリガのようです。

食べるマルハキバガ科など、いくつかのグループが発生することがわかっている。鳥の種類によって巣内の堆積物の成分は違うので、発生する種の構成も変わるという。[41]

糞やペリットなど動物の排泄物から発生する種も見つかっている。たとえばイエネコ、イヌの糞からはマエモンクロヒロズコガが、ハイタカのペリットからはウスグロイガ（ともにヒロズコガ科）が記録されている。マエモンクロヒロズコガは鳥の巣や動物の皮、死骸を食べるとされている種で糞中の小動物の体毛を、ウスグロイガはカツオ節などに発生する種でペリット中のハツカネズミの体毛などを食べて成長したと考えられている。[42]

動物の糞利用で極めつけにニッチなのは、ナマケモノの糞を食べるイモムシだろう。

中南米に生息するミユビナマケモノは、ジャングル樹冠部で数種の樹木の葉だけを食べる。栄養価の低い木の葉だけで生きられるようエネルギーを節約していて、行動量はきわめて少なく、地上に降りるのは1週間に一度、排泄をするときだけだ。

このわずかに排出されるナマケモノの糞で育つのがメイガ科クリプトセス属の1種だが、正式な和名がないので仮にナマケモノメイガと呼ぶことにしよう。ナマケモノメイガの成虫はナマケモノの体毛にいて、排泄のときがくると糞に飛んでいって産卵する。幼虫はナマケモノの糞を食べて育ち、羽化した新成虫はジャングルの樹冠まで飛び上がり、ナマケモノを探して再び毛の中にもぐりこむ。[43]

ナマケモノとナマケモノメイガの関係はさらに込み入っているのではないかとも考えられ

ナマケモノが糞をすると……

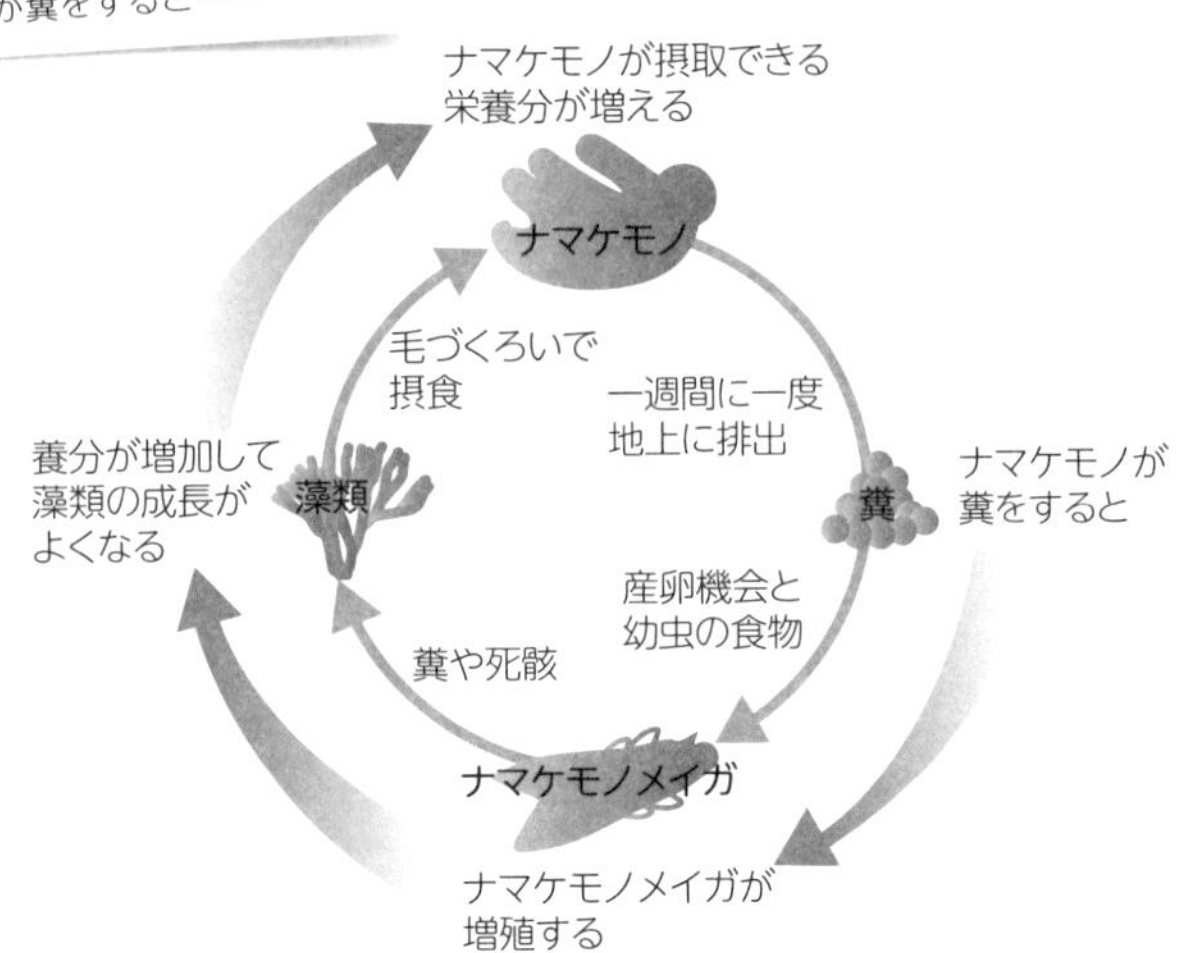

ている。ナマケモノの体毛には藻が繁茂する。ナマケモノは毛づくろいの際に栄養価の高いこの藻を食べている。ナマケモノが排泄のために地上に降りることは、ナマケモノメイガに産卵機会を提供することになる。新成虫が再び体にすみつけば、その糞や死体が体毛に窒素分を補充することになり、ひいては藻がよく成長することになる。風が吹けば的な因果関係という気もするが、大変興味深いストーリーではある。

　イモムシと植物は歴史的に深い関係にあり、長い時間をかけた攻防により多様な種が分化していった。一方、植物以外の資源を求めるものもあらわれ、あるものはハエ専門ハンターに、セミの吸血者に、アリに育てられる擬態者に、そしてあるものはナマケモノの糞などというごくわずかな資源にまでたどりついたのだ。

ナマケモノの体にすみつくガがいるということもさることながら、体毛に藻類が発生すること、毛づくろいのときに口にするそのわずかな藻が摂取する栄養にプラスになるというところが、いかにもナマケモノだなあと思ってしまいます。

第4章

イモムシは何色？

与那国島と
与那国馬

巨大イモムシに会いに行く

『イモムシハンドブック』の第2巻を企画していたころ、掲載候補として真っ先に思い浮かべたのがヨナグニサンだった。ヨナグニサン（ヤママユガ科）は翅（はね）を広げると最大30センチにもなる世界最大のガとして知られている。当然ながらその幼虫は世界最大のイモムシ（指標にもよるが少なくとも世界最大クラス）だ。イモムシファンとしては「生きているうちにこの目で見たい」あこがれのイモムシだったのだ。

ヨナグニサンは台湾、中国、マレーシアからインドにかけて広く分布するが、日本では最西端の与那国島だけに生息する（石垣島、西表島にも記録はある）。沖縄県天然記念物に指定されているので採集や飼育はできない。これはもう現地に行ってその場で撮影するしかないと遠征計画を立てることにした。

食草や発生時期など基本的なことをほとんど知らない状態だったので、与那国島の自然展示施設「アヤミハビル館」専門員、村松稔さんに協力をお願いした。村松さんはヨナグニサンはもとより与那国島の生物全般

与那国島には在来馬の一つ、**与那国馬**がいます。ポニーくらいの大きさの小型馬で性格はおだやか、島の数カ所の牧場、放牧地で見ることができます。僕のくらす長野県には同じく在来馬の木曽馬がいますが、与那国馬よりも少し大きめの中型馬です。

ヨナグニサン

終齢幼虫(ほぼ実物大)は重く、細い枝は垂れ下がる

糞も巨大

卵(大きさ2〜3㎜)

にわたって大変詳しい。村松さんによると、ヨナグニサンは年4回発生するが、その年の天候、台風の襲来等の条件によって発生時期、発生数は変動するとのことだった。

　実際その年は冬の寒さが影響したのか、一回目の発生が一カ月も遅れて始まり、例年とはかなり違う経過をたどった。そのため、いくつかのステージが同時に見られるベストシーズンになるはずとのことで計画した夏の取材は、完全に空振りとなってしまった。期待に胸をふくらませて訪れたのだが、成虫（もちろんこれは巨大で美しかったけれど）および繭（まゆ）、卵は見られたものの、肝心の幼虫は一匹も見つけられずという残念な結果に終わったのだった。

　ここであきらめるわけにいかないので次の発生を待つことになった。村松さんが逐一送ってくださる「卵と1齢幼虫が見られますが数は多くないです」とか「干ばつが深刻で植物が枯れ始めています」などという情報に一喜一憂する日々を過ごし、秋になるころ突然入った「観察していた5匹がすべて終齢になりました。今週中なら間に合うと思います」との報に、今度こそはと再び与那国に飛んだのだった。

　島に到着し、村松さんのレクチャーを受けながらさっそく森を歩く。

「ヨナグニサンはここではアヤミハビルと呼ばれてます。キールンカンコノキ、フカノキ、モクタチバナ、アカギが食草です」

　普段、信州の落葉樹ばかりを見ている僕にとって、亜熱帯の常緑樹は馴染みがなくてさっぱり見分けることができない。結局、村松さんが事前にチェックしておいてくださったフカ

ヨナグニサンは世界最大級のガとして知られています。「級」と微妙な言い方になっているのは指標のとり方によるからで、ヨナグニサンは翅の面積が世界最大とのこと。翅を広げた長さでは南アメリカに分布するナンベイオオヤガ（ヤガ科）になるようです。

ノキの樹上でようやくその幼虫と対面した。

ヨナグニサン終齢幼虫の体長は100ミリを超える。胴体は太くでっぷりした体型で、全体に白い粉をふいたように青白く、あちこちから突起が突き出して、実際に見るヨナグニサンは想像していたのよりもはるかに大きかった。細めの枝にとまっていると枝ごと真下に垂れ下がってしまうほどのボリュームだ。また木の下に落ちている糞でもその巨大さを実感した。雨上がりの森の水分をたっぷりと吸い込んだ糞は実際以上に膨らんで、大げさではなく子ヤギの糞くらいのサイズだったのである。本体とちがって糞は採集可能なのでたくさん拾って手にのせたが、その大きさに思わずにやけてしまうのだった。この後、展示施設内で飼育中の個体をじっくり撮影させてもらうこともできて、ようやくほっとすることができた。ヨナグニサンを図鑑に掲載できたのは、「やっぱりこのイモムシを載せてほしいですから」と言って協力してくださった村松さんのおかげだ。

ヨナグニサンのように巨大な体をしたイモムシは、たとえばクモなどの小さな天敵に遭遇しても襲われる可能性は低いだろう。小鳥サイズの天敵に対してもある程度防御できてしまうかもしれない、そう思わせるくらいの存在感があった。

一方で思い浮かべるのは、幼虫が空振りに終わった一回目の取材で見た卵のことだった。ヨナグニサンの卵は大きさが2、3ミリで、生まれてくるふ化幼虫も5ミリほどしかない。これは昆虫の赤ちゃんとしては大きい方ではあるが、それでも天敵動物から見れば圧倒的に

繭上で交尾するヨナグニサン成虫

小さい。実際、ヨナグニサンの1齢幼虫は、鳥どころか小さなハエトリグモの仲間にさえ捕食されてしまうらしい。考えてみればあたりまえなのだが、世界最大の昆虫といえどもそのスタートはとても小さく、大きくなるまでは天敵に会えばひとたまりもない存在にすぎないのだとあらためて思った。与那国の森で出会った巨大な終齢幼虫は、そんな食われる立場をくぐり抜けてきた数少ない生き残りにちがいなかった。

99パーセントは死んでしまう

イモムシは主な天敵である鳥に対してほとんど無力だ。成虫なら飛んで逃げることもできるがイモムシに翅（はね）はないし、唯一の移動手段である脚（あし）は枝葉にしっかりつかまるための

昆虫の1齢幼虫の大きさで僕が実測したものをあげてみます。モンシロチョウ2㎜、キアゲハ4㎜、ヤママユ7㎜、オンブバッタ5㎜、アオクチブトカメムシ3㎜、ナミテントウ2㎜、カブトムシ10㎜。ヨナグニサンは普通かやや大きめでしょうか。

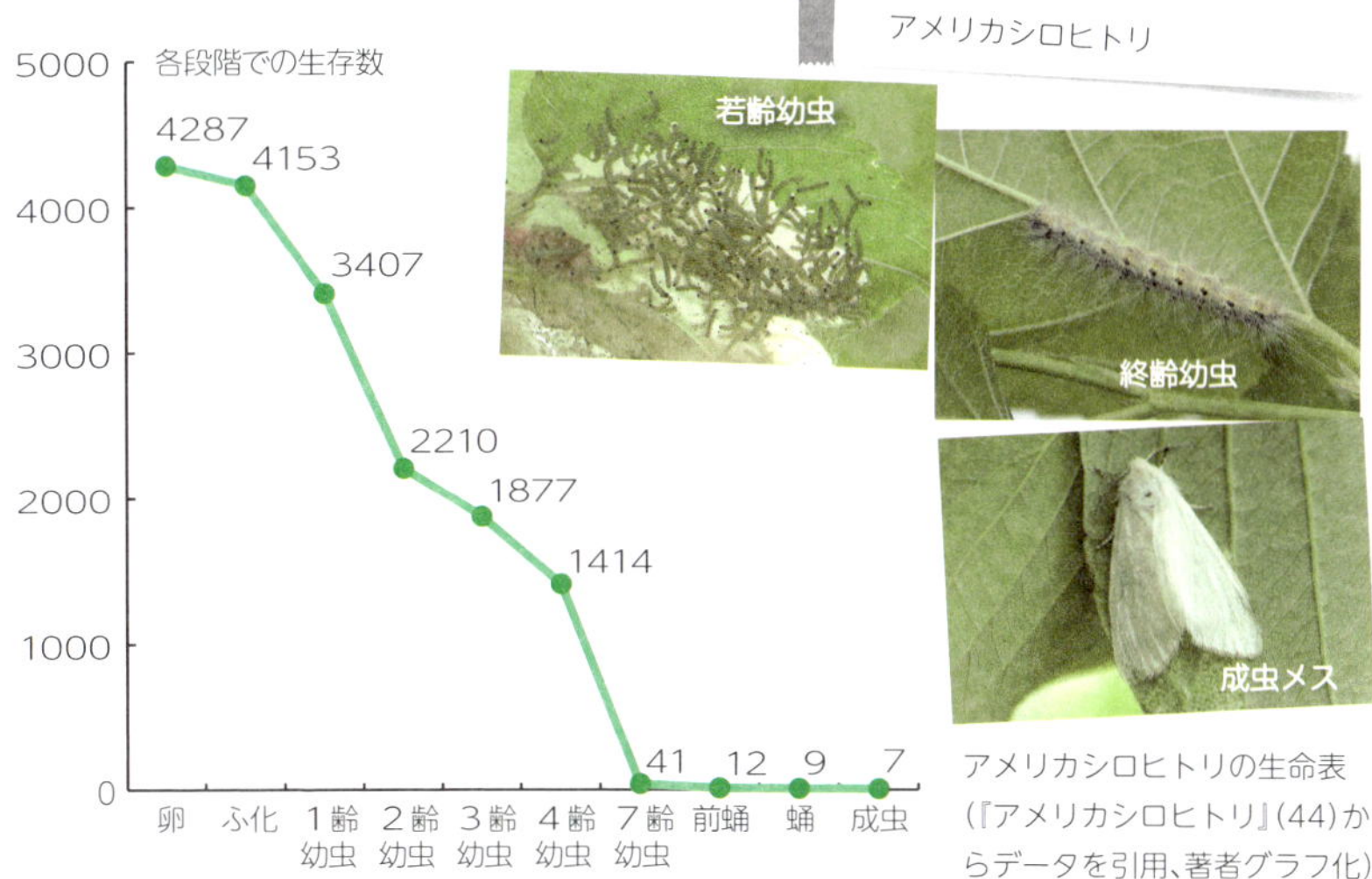

アメリカシロヒトリの生命表（『アメリカシロヒトリ』(44)からデータを引用、著者グラフ化）

ものであって逃走には不向きだ。

イモムシは自然下でどのくらい生き残れるものなのだろうか。この疑問に答えたのがアメリカシロヒトリの研究だった。

アメリカシロヒトリ（ヒトリガ科）はアメリカ原産の外来種だ。一匹のメスが数百から1000の卵を塊で産み、幼虫は毛虫で集合性がありハンモック状の巣網を張るのでよく目立つ。広食性のジェネラリストで300種以上の食草の記録があり、初夏から秋に2回ほど発生する。研究では、アメリカシロヒトリの個体数変動を明らかにするため、1アールの永久ステーションを設け、敷地内に産み付けられたすべての卵塊から生まれた一万匹以上の経過を数年にわたって正確にカウントしつづけた。この膨大な調査を元に、アメリカシロヒトリの生存数、死亡数、齢別死亡率、死亡要因などを明らかにしている。[44]

それによれば卵、幼虫、蛹（さなぎ）の各段階をあわせた総死亡率は99・84パーセントで、成虫になるまで生き残ったのはわずか0・16パーセントだった。これは一卵塊が千卵として、そのうち成虫になれるのが1匹か2匹ということを意味する。段階ごとに見ると、集団から単独生活に変わる後半の死亡率が高く、4齢幼虫から蛹化（ようか）までの死亡率は98・6パーセントに達し、ほとんどはこの段階で死ぬ。要因のほとんどは天敵による捕食で、若齢は主にクモに、後半は第一世代が鳥類とアシナガバチ類に、第二世代がアシナガバチ類に捕食された。とくに第一世代は鳥の育雛期にあたり、シジュウカラなどの鳥類による捕食が約9割を占め、一集団がわずか数時間で消滅してしまうこともあるという。

食べられて死亡する割合の多さに驚くが、計算上は次の世代のオスとメスが生き残れば個体数は維持されるので勘定は合っている。一匹の新世代成虫の背後には天敵に食べられて死んだ99パーセントのイモムシたちがいる。それがイモムシが生きている世界の一面だ。

逆に鳥にとってイモムシはどのような位置を占めているのだろうか。ヒガラの例で見てみよう。

ヒガラは山地の針葉樹林に生息する最小のカラ類で主に昆虫やクモをとる。親鳥が雛に与えた餌を頸輪法（餌を間引き回収して調べる方法）により分析した研究がある。[45]

それによると、ヒガラの餌は昆虫が最も多く、生重量比で全体の72・4パーセントを占め

上掲書には他種の死亡率も紹介されています。ヨトウガ98.0%、マツカレハ99.4%（第1世代）、99.1%（第2世代）、ナミスジフユナミシャク99.6%、オビカレハ97.5%とあり、アメリカシロヒトリ同様、高い死亡率のようです。

ヒガラ

鱗翅目成虫 1.7%　ヒラタアブ幼虫 1.6%　鱗翅目蛹 1.5%
ハムシ幼虫など 3.5%　その他 4.9%
鱗翅目幼虫 61.3%　クモ 25.5%

ヒガラのメニュー（生重量比、羽田、堀内.
1971（45）からデータを引用、著者グラフ化）

ており、次いでクモ類が25・5パーセント、その他ではカタツムリの殻、小石等があった。昆虫の中で最も多かったのは鱗翅目（りんしもく）の幼虫で全体の61・3パーセントを占めていた。つまりヒガラが獲ってくる獲物の6割強がイモムシだったのだ。鱗翅目中の科の構成はシャクガ科（個体数122、以下同）ヤガ科（15）メイガ科（5）ハマキガ科（5）カレハガ科（4）シャチホコガ科（1）などとなっていて、初夏の針葉樹林でよく目につくシャクトリムシを中心に片っ端から捕っているのだなという印象を受ける。

この研究では、1回あたりの給餌量と給餌回数のデータから「雛1羽が成長するのに食べる餌の量」の推定も行っている。ヒガラ1羽の雛は巣立つまでに生重量68・8グラムの餌を食べるが、これは約1500匹の虫に相当するという。またさらなる試算[46]によると「コメツガ林1平方キロの鳥類全体が繁殖期間中に食べる餌の量」は約10トン、約2億匹の虫に相当する。仮にヒガラのメニュー構成をそのまま当てはめれば、このうち1億2千万匹がイモムシということになる。このような途方もない数のイモムシが鳥の繁殖を支えているのだ。

イモムシは何色？

イモムシを頭に思い浮かべたとき、そのイモムシは何色をしているだろうか。防御手段に乏しいイモムシにとって、巨大で強力な捕食者である鳥に見つかるか、見つからないかは生死にかかわる。どんな色をしているかは重要だ。実際のイモムシの体色はどうなっているだろうか。問いにして考えてみよう。

イモムシの体色は何色が多い？　多い順に並べると？
［黄色、オレンジ色、緑色、褐色、黒色、淡色］

この問いに対する僕の予想は「緑色が多そうだけど、茶色や黒色もけっこういる。でもやっぱり緑色が少し多いくらいかな……」というものだった。

いざ調べようとしたが資料が見つからない。専門の研究者はこのような大ざっぱすぎる問題にあまり手をつけたくないのかもしれない。それならと自分で調べることにした。写真を種ごとに見直して色ごとに振り分けていく方法だ。複数の色が混じっているものや斑紋、条線があるものでは、面積が大きい色を優先して選び、複数の色彩型があるものは、経験的に

異なる体色の見られる種があります。スズメガ科では緑色型と褐色型など２つの色彩型の見られるものが珍しくありません。そこに斑紋や条線のある、なしという変異が加わる場合もあります。体色が違うと行動や習性が違うのか、気になります。

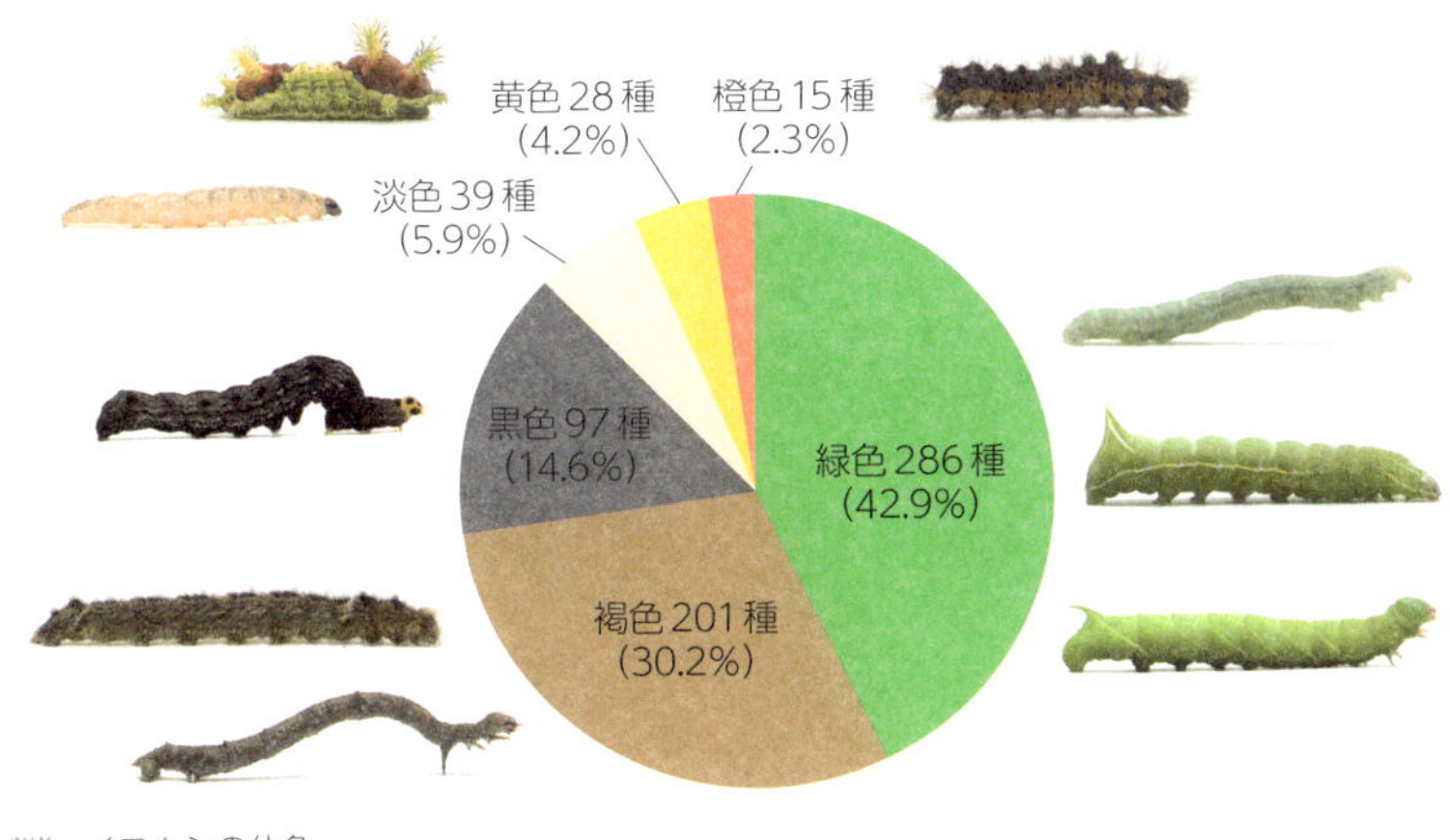

イモムシの体色
(『イモムシハンドブック』666種調べ)

よく見る方を選ぶ。あくまでもざっとした傾向が知りたかったので、素人の強みを発揮してエイヤと決めた。限られた種数で分類群の偏りもあるが、それでもそれなりの傾向があらわれているのではないかという結果を得た。

これによると、イモムシ界堂々の人気ナンバーワン体色は緑色であった。この色だけで42・9パーセントで全体の4割を超えた。それにつぐ第2位は褐色（灰色、茶色などを含む）。これも緑色にやや差はあるものの3割ほどとかなりの割合を占めた。第3位は黒色でこれもそれなりに多い。第4位は淡色。これには白色や肌色などが含まれている。第5位は黄色で、最も少ない第6位はオレンジ色という結果になった。

順位に関しては自分の予想に近かったものの、意外だったのは割合の偏り具合だった。上位3色で計88パーセント、9割がたを占めている。

下位3色の淡色、黄色、橙色は合わせて12パーセントにしかならない。イモムシの体色は緑、褐色、黒に集中している。体色の選択にこのようなはっきりとした傾向が見られるのはどうしてだろうか。この結果はどのように読めばいいのだろうか。

昆虫の幼虫の基本色

昆虫界を見渡したときに幼虫の体色はどうなっているだろう。それとの比較からイモムシの体色の意味が見えてこないだろうか。鱗翅目（りんしもく）と同じ完全変態する甲虫目、ハチ目、ハエ目の幼虫と比べてみよう。

甲虫目の幼虫では、クワガタムシやカブトムシの幼虫に代表されるように、クワガタムシ科、コガネムシ科、カミキリムシ科などはみな白色〜乳白色の体色をしている。ハチ目では先にあげたハバチ類など一部で有色のものも見られるが、スズメバチ科やミツバチ科、寄生性のヒメバチ科やセイボウ科、カリバチのベッコウバチ科やドロバチ科など多くが白色〜乳白色をしている。ハエ目ではウジムシと呼ばれる白色の幼虫が主流で、とくにショウジョウバエ科やイエバエ科、クロバエ科、ニクバエ科などで白色〜肌色の幼虫が多い。このように3目の幼虫の体色は白色、乳白色、肌色など、先の分類でいえば淡色が主流になっている。つまり昆虫の幼虫というものは本来この淡色が基本色になっているのだろう。特別な色素を

長野県では昔から**昆虫を食べる文化**があります。イナゴなどは成虫ですが、ハチノコ（スズメバチ類）、テッポウムシ（カミキリムシ類）、ザザムシ（ヒゲナガカワトビケラなど）など、多くは幼虫を食べます。無色で食べやすいということもありそうです。

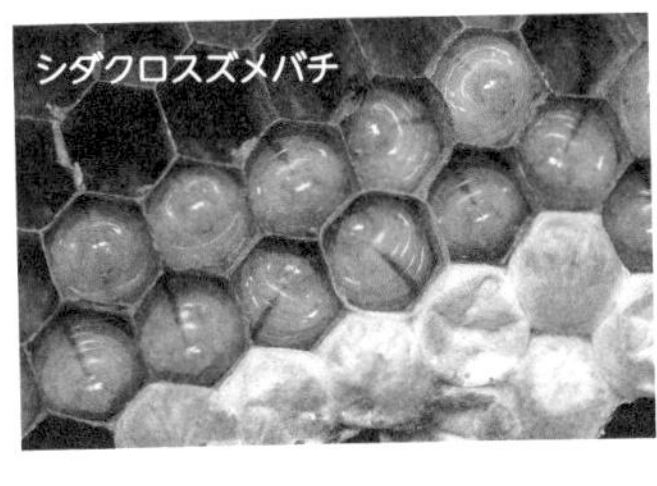

昆虫の幼虫の基本色

生成しない場合の体色という意味では無色と呼んだ方がいいのかもしれない。

これら無色の幼虫たちには、生態的に共通点があることに気がつく。クワガタムシやカミキリムシは材の中に、カブトムシやコガネムシは土の中にいる。スズメバチやミツバチやカリバチは巣の中で育ち、寄生バチや寄生バエは寄主の体内で成長する。食物の内部に潜りこみ、あるいは巣の中で育つので、外界にさらされることがない幼虫たちだ。

鱗翅目の世界に戻って、同じ無色（淡色）のイモムシをあらためて見てみよう。この体色には、たとえばコウモリガ科のコウモリガ、スカシバガ科のヒメアトスカシバ、ブドウスカシバ、メイガ科のハチノスツヅリガ、ノシメマダラメイガ、ツトガ科のアワノメイガなどがいる。

これらのイモムシの暮らしぶりにも共通した

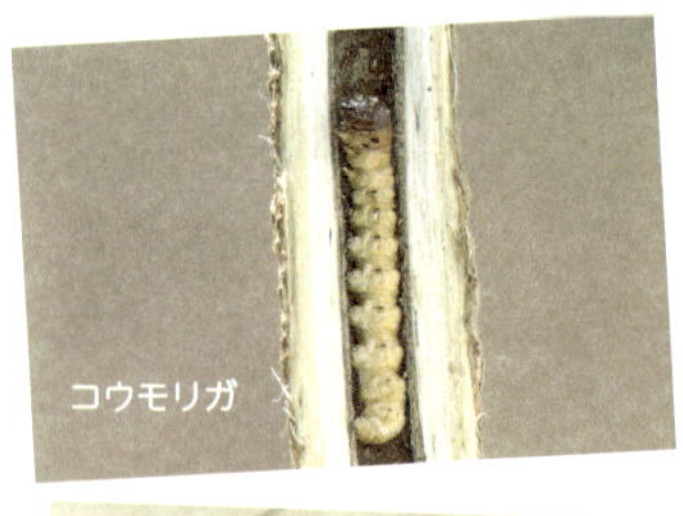

ヒメアトスカシバ

淡色のイモムシ

特徴がある。

・コウモリガ　樹木の幹などのトンネルの中で材部を食べる
・ヒメアトスカシバ　ヘクソカズラのつるの中で内部を食べる
・ハチノスツヅリガ　ミツバチの巣にもぐって巣材を食べる
・ツヅリガ　米などの貯穀を食べる
・アワノメイガ　トウモロコシなどの茎に侵入して内部を食べる

　異なる科に属しているが、いずれも食べ物の内部に入り込んで外界にさらされることがないという生態的な共通点がある。だからこれらの幼虫は先に見た甲虫目、ハチ目、ハエ目の幼虫と同じ基本色、無色のままなのだろう。

　本来昆虫界で多数派のこの無色は、イモムシ界では第4位と少数派だ。逆に他ではあまり見

イモムシが上手く**まぎれられるか**は体色や模様の出来具合もさることながら、周囲の状況に大きく左右されます。たとえば小さな葉が密に茂る木ほどうまく隠れることができます。成虫が産卵時に茂り具合を判断しているなんてこともありそうです。

初夏の雑木林

られない緑色、褐色、黒色の体色が主流になっている。この体色の逆転現象にイモムシの特徴があらわれているはずだ。

イモムシの色は森の色

イモムシの多くは植物の葉を食べる。葉は植物体上もっとも外界に面したところにある。葉を食べることは天敵に見つかる危険と背中合わせだ。

もし緑色の葉の上にいるイモムシが昆虫の幼虫の基本色、淡色をしていたならば、すぐに鳥に見つかって格好の獲物になるだろう。緑色の葉にいるのであれば同じ緑色をしていた方が見つかりにくいはずだ。たとえばアゲハの終齢幼虫は体長50ミリほどあり、緑色で、胸部に眼状紋、ブルーのくっきりした条線が斜めに走り、単体では十分存在感のあるイモムシといえる。ところがこれが細かな複葉が密生するサンショウの茂みに静止していると、たとえ目の前にいても気づかないほどとけこんでしまう。ヤママユも体長は55〜70ミリとさらに大型で存在感あふれる姿だが、野外では不思議と目立たない。食草コナラなどの葉の裏や細い枝に下向きに静止していると、黄緑色の体が新緑の中にうまくかくれてしまう。ものすごく巧妙な擬態をしているというわけでもないアゲハやヤママユの幼虫がとけこむ様を見ていると、イモムシ体色ナンバーワンがなぜ緑色であるかを理屈抜きに実感することができてしまう。

イモムシにあふれる初夏の雑木林の光景を構成している色に注目してみると、もっとも割合が多いのは展開しはじめた若葉の鮮やかな緑色だ。緑の中に隠れるためにはやはり緑なのだ。そして緑色の次に多い色は植物の枝や幹、地面の土や落ち葉の色、褐色と黒色だ。この二つはイモムシ体色ベスト2、3の色になっている。

体が褐色のイモムシはシャクガ科によく見られる。たとえばキリバエダシャクは細長く、灰褐色から茶褐色といった渋い体色をしている。同じくらいの太さの枝に斜めにまっすぐ立ち上がって静止姿勢をとると、それだけですっかり枝の一部になってしまう。褐色の体色は枝に同化するために実に効果的な体色だ。

太い枝や幹で見つかるイモムシとしては、たとえばカシワマイマイ（ドクガ科）がいる。体長50ミリほどと大きなケムシで、長い毛束がいくつも飛び出す特徴的な姿をしているが、枝や幹に静止していると意外なほど目立たない。褐色の体色に加えて、刺毛や毛束の存在が体の輪郭をぼかしているからだ。

コムラサキ（タテハチョウ科）の越冬幼虫は渋い褐色をしている。食草のヤナギの枝や樹

擬態は他の生物や周囲の事物に似せることに対して広く使われています。ここで紹介している周囲の植物の葉や枝、幹などに似た姿になる現象は隠蔽的擬態と呼ばれるタイプの擬態です。

幹にできた樹皮の割れ目に小さな体をもぐりこませるようにしていることもあって発見難易度は相当に高い。いるとわかっていてもなかなか見つけられず褐色の体色の威力を知ることができる。

イモムシは葉を食べるために植物の上で身をさらさなくてはならない。しかし天敵の鳥に見つかれば捕まって食べられてしまう。その際に目立たず、隠れやすい色が、多くを占める緑色や褐色、黒色ということなのだろう。イモムシの体色には彼らの食物であり、生息環境である森の色が映し出されている。

隠蔽色と警告色、どっちが有利？

乳白色などの淡色は昆虫の幼虫の基本色、緑・褐・黒色は森にとけこむための目立たない色。では黄色やオレンジ色の体色にはどのような意味があるのだろうか。これらは野外でよく目立ち、それは天敵に見つかりたくないイモムシにとって御法度なはずだが、防御手段をもっていれば話は別。カラフルなイモムシの中には毒をもつものがいる。

黄色いイモムシには、たとえばイラガ（イラガ科）がいる。緑色の葉に鮮やかな黄色と褐色の特徴的な配色はよく目立つ。たくさんの棘は実際に有毒で、その仕組みは次章で紹介するが、うっかり触れると大変痛い思いをすることになる。

緑色、褐色のイモムシ

発見難易度が高い**コムラサキ**の越冬幼虫。食草はヤナギ類ですが細めの若木で探すのがコツです。皮の割れ目や凹みが探索ポイントなのですが、若木は割れ目の数が限られ調べやすいのです。それでもやっぱり見つけにくいのですが……。

目立つ体色のイモムシ

オレンジ色のイモムシには、たとえばドクガ（ドクガ科）がいる。春から初夏にかけて、ウメやノイバラ、イタドリなどさまざまな植物で普通に見られるケムシだ。オレンジ色と黒色の配色で集団性がありよく目立つ。有毒毛に触れるとかゆみや炎症を引き起こす。

イラガやドクガが毒をもつのは鳥の捕食から身を守るため。目立つ色は毒をもっているから襲うなという警告シグナルを発する意味があり、警告色とも呼ばれる。派手な色のイモムシを食べて痛い目にあった鳥に対して効果を発揮する色であり、これらはむしろ「目立ちたい」イモムシといえる。

ただし、ややこしいことに派手な色のイモムシがみな毒をもっているわけではない。毒をもっていそうに見えて実は無毒のものも多い。同じ警告色だが、有毒イモムシの威を借りるタイプであって、痛い目にあった経験をもつ鳥に対して「偽のアピール」をしているわけだ。

緑色、褐色、黒色は隠蔽（いんぺい）色、黄色やオレンジ色は警告色。イモムシの体色は捕食者に対する防御するための姿勢、戦略をあらわしている。では隠蔽色と警告色ではどちらがより生き残りやすいのだろうか。この大問題に野外実験によって迫ろうとした研究がある。[47]

この研究では、隠蔽色と警告色に塗ったイモムシの模型を野外に設置し、鳥によってどのくらい攻撃されるかを調べ、それぞれの生存率の算出を試みている。全体が黒色（隠蔽色）、黒地に小さなオレンジ色の斑紋（適度に警告色）、黒地に大きなオレンジ色の斑紋（強い警告色）の3タイプの粘土製イモムシ模型を植物に設置し、5日後、鳥につつかれた跡があれば「死亡」、なければ「生存」という設定で、春から秋までつづけられた。

その結果、隠蔽色と警告色の生存率は季節によって変化することがわかった。警告色では季節が進むにつれ生存率が上昇していったが、シーズン中期になると隠蔽色の生存率がより高くなったという。警告色は、鳥が「この色には毒がある」と知っていることで効果を発揮する。中期というのは鳥の巣立ち期で経験のない若鳥が多く、目立つ警告色の生存率は隠蔽色より劣る結果になった。逆に、成鳥だけが活動する前期と若鳥が経験をつんだ後期では警告色は効果を発揮して隠蔽色よりも生存率が高くなった、と考察されている。

この地域の実際のイモムシの出現期を調べると、警告色はシーズン前期と後期に多く、中期に少ないという。警告色が逆効果となる鳥の巣立ち期を外して発生しているのではないか

これら捕食者を警戒させる**目立つ体色**をしている現象は擬態の中でも標識的擬態と呼ばれています。有毒な生物の姿に似る無毒な生物の例はベーツ型擬態と呼ばれます。スズメバチ類に似たハナアブ類、スカシバ類などが知られています。

というわけだ。粘土製警告色イモムシは実際には無毒なのに、シーズンが進むとその生存率が上がったことも興味深い。自然界にいる実際の警告色イモムシとの関係で鳥が学習していったからだろうと考えられている。

目立たない色、目立つ色、そのどちらの体色にも意味があり、その効果は季節、状況によって変わるようだ。

葉にまぎれる

体色ランキングで見たようにイモムシの体色の本流は隠蔽色だ。隠蔽路線のイモムシには色の選択以外にも、背景となる植物にとけこむためのさらなる工夫がある。そんなかくれ上手なイモムシを見つけることはイモムシウォッチングの大きな楽しみの一つでもある。植物の葉にまぎれる擬態巧者のイモムシを紹介しよう。

植物の種類がちがえば葉の形状は異なる。葉にまぎれようとすれば、それぞれにあった工夫が必要になる。

コムラサキ（タテハチョウ科）の越冬幼虫は先に見たように樹皮擬態向きの褐色だが、亜終齢からは鮮やかな緑色になる。葉表に静止する習性なので物理的には丸見えのはずだが、見つけるのはなかなか難しい。コムラサキの体型は食草ヤナギの葉に似て細長く、顔を伏せ

コムラサキ

葉にまぎれるイモムシ①

て張り付くようにしており、体に走る条線も葉脈のような効果を発揮してすっかりとけこんでしまうからだ。

アカマツなどのマツ類に発生するマツキリガ（ヤガ科）は、緑色をベースに白色の細い線が何本も走る縦ストライプイモムシだ。マツキリガは針状のマツの葉に比べればずっと太く目立ちそうなのに、この縦縞効果によってその姿はよくとけこむ。頭部の茶色もアカマツの枝の色にマッチしている。

シロツバメエダシャク（シャクガ科）は緑色をしたシャクトリムシで、僕が日常通うフィールドではイヌガヤでよく見つかる。体は細長く、成長途中でちょうどイヌガヤの葉くらいのサイズになる。葉の縁にとまり、やや下向きにたらんと静止すると、ちょうど垂れ下がった葉という風情になる。葉の細長さという状況に対して、マツキリガは縦縞模様によって、シロツバメエダシャクは体型そのものの細長さによってとけこんでいる。

クロクモエダシャク（シャクガ科）はヒノキなどを食草とするシャクトリムシだ。ヒノキの葉は鱗状の葉が連なっている。クロクモエダシャクは緑色と白色の斑模様で、白い斑紋はY字形をしている。ヒノキ葉裏の白い気孔線の形状にシンクロさせるという凝りようであり、ここまで似せる必要があるのと思ってしまうが、たしかにうまくとけこむ。

ケンモンキリガ（ヤガ科）もヒノキなどを食草としている。緑色の体には断続的な白い斑紋列があって、ヒノキの葉の中にとけこむデザインになっている。クロクモエダシャクはシ

マツキリガ

シロツバメエダシャク

クロクモエダシャク

ャクガ科、ケンモンキリガはヤガ科と異なるグループに属しているが、同じ植物を食草にし、同じような体の色と模様になっているのは興味深い。

背面と腹面の色が異なるイモムシもよく見られる。ウスタビガ（ヤガ科）もそのひとつで背面は薄い緑色、腹面は濃い緑色だ。コナラ、クヌギなどのブナ科植物が食草で、葉裏に仰向けになって静止する。一般に木の葉は表面の緑は濃く裏面の緑は薄い。ウスタビガがとまっている葉を下から見上げると、淡緑色の葉裏にウスタビガの淡緑色の背面がとけこみ、逆に上から見下ろしたときには（鳥はこのアングルから見るだろう）濃緑色の葉表の向こうにウスタビガの濃緑色の腹面がちらっと見えることになる。

季節にまぎれる

植物の葉は季節により変化する。とくに落葉樹では冬は褐色の冬芽、春は淡い色をした新芽、初夏は緑鮮やかな若葉、夏に向かって緑色が濃くなり、秋には虫食いで穴が空いたり変色し、やがて枯れ落ちる。それぞれの季節に合わせるようにとけこむイモムシの姿がある。

芽に似た姿をしているのがオオアヤシャク（シャクガ科）だ。シャクガとしては太めの体型、頭頂は尖り高く突き出ている。枝を腹脚（ふくきゃく）でつかみ斜めにぐっと立ち上がり、胸脚（きょうきゃく）をそろえて目立たなくし、頭頂部を突き出すように静止すると、食草であるモクレン科樹木の芽に

ケンモンキリガ

ウスタビガ

オオアヤシャク

なりきってしまう。

春のパステルカラーをした新芽にとけこむ姿をしているのがヒメカギバアオシャク（シャクガ科）だ。食草はコナラ、クヌギなどのブナ科植物で、これらが芽吹く春になるとあらわれる。緑色は淡く、茶褐色の部分がまだら状に混じり、いかにも芽吹きの配色をしている。静止姿勢も凝っていて、枝からS字型に立ち上り、胸脚をピンと突き出す。枝先にヒメカギバアオシャクの姿を見ると「春が来たな」と思う。

季節が進むと、葉は虫にかじられて一部が欠けたり変色したりする。それを模したであろう姿がモンクロギンシャチホコ（シャチホコガ科）だ。緑色部と褐色部が複雑な境界線によって塗り分けられた大胆なデザインだが、野外では印象がまったく変わる。体の輪郭が分断され、むしろ縁が欠けた葉の一部のように見えてくる。

ホソバシャチホコも緑色と褐色の塗り分けデザインだが、褐色部の色合いは淡い。食草はコナラ、クヌギなどのブナ科樹木で、これらの葉にはしばしば透かし状の食痕ができる。ホソバシャチホコの色合いはこの虫食い葉にとけこむ配色になっている。

体の側面に褐色の斑紋が点在するデザインもよく見られる。たとえばモンホソバスズメ（スズメガ科）には緑色型と黄色型があるが、どちらにも褐色斑が浮き出る場合がある。食草のオニグルミなどの葉は夏も後半になると黄色や褐色に変色したり虫食い状態になってくる。褐色紋のあるモンホソバスズメが枝の下面に反るようにして止まっていると、くたびれてき

ヒメカギバアオシャク

モンクロギンシャチホコ

ホソバシャチホコ

葉にまぎれるイモムシ②

カギシロスジアオシャク

たクルミの葉にうまくマッチする。

冬、落葉樹の葉が枯れると緑色のイモムシは逆に目立ってしまう。これに対応しているのがミスジチョウ（タテハチョウ科）だ。幼虫が3～4齢になるころ食草のカエデは紅葉・落葉期を迎える。ミスジチョウは葉の根元に糸をはきつけて補強することで葉の脱落を防ぎ、枝に残るこの枯れた葉にしがみついてそのまま越冬する。体色が薄い枯葉色なのでよくマッチしていてまったく目立たない。落ちた枯れ葉で越冬してもよさそうなものだが、おそらく地上にいる捕食者の攻撃を避けるためなのだろう。

植物の季節変化に、脱皮し変身しつづけることで対応するものもいる。クヌギ、コナラなどのブナ科植物が食草のカギシロスジアオシャク（シャクガ科）だ。

ミスジチョウ　モンホソバスズメ

カギシロスジアオシャクは冬には赤褐色の小さなシャクトリムシの姿をしている。枝先の冬芽近くに糸座をつくって腹脚（ふくきゃく）を固定し、頭を抱え込むようにして体を折り曲げた状態で冬を過ごす。背面にある突起が上方に突き出され、色合いと形がブナ科植物の冬芽そっくりな姿になる。これも冬のイモムシ探索の人気ターゲットだが、発見難易度はかなり高い。

春になり植物が萌芽すると、カギシロスジアオシャクは活動を再開し脱皮する。すると淡い緑色と赤褐色が入り混じった体色に、背面にはとがった突起がいくつも並ぶ姿へと大変身する。枝先から斜めに立ち上がれば、それはまるで展開途中の若葉だ。この段階の幼虫を見つけるのもなかなか難しいが、冬のうちに越冬幼虫を見つけておくのがてっとり早い。

さらに季節が進むと、カギシロスジアオシャクはもう一度脱皮して終齢となる。あらわれるのは緑色の濃くなったシャクトリムシで、背面にずらりと並ぶ大きくなった突起はブナ科植物の葉の鋸歯（きょし）ような雰囲気だ。カギシロスジアオシャクには近縁種が複数いて、いずれも同じように背面に突起のある新芽の姿をしている。

植物の季節変化に脱皮し変身することで見事にシンクロしつづけるカギシロスジアオシャクの姿は、いつ見ても「本当にうまくできてるなあ」と感心してしまう。講演会などで紹介すると質問もいただく。「自分の姿が見えないのにどうしてこんなに似るのですか？」「芽吹きのタイミングはどうやって知るのですか？」……。どれももっともな疑問なのだがさっぱり答えられずにいる。

カギシロスジアオシャク

終齢

亜終齢

枝や幹にまぎれる

植物の枝や幹にまぎれるには褐色などの体色が有効となる。ただし枝や幹も植物の種類によって違う。ざらざらしていたり、つるつるしていたり、トゲのついた枝もある。

枝にまぎれるイモムシといえばシャクガ科の独壇場だ。腹脚が省略された突起物の少ない棒状の体なので、じっとしているだけで枝と化してしまう。

シャクガ科の中でも枝チャンピオンはクワエダシャクだろう。淡い褐色の色合い、ところどころに突起がある平滑な体表も食草クワの枝によく似ている。枝から斜めに立ち上がり、胸脚（きょうきゃく）を前に倒して体に沿わせたり、頭部を背面にカクッと反らせた姿勢をとることもあって、短い枝になりきってしまう。その越冬幼虫は冬のイモムシウォッチングの定番だが発見難易度は高い。クワエダシャクには「土瓶割（どびんわり）」という風流な呼び名もある（シャクトリムシ全般を指す場合もある）。枝だと思って土瓶をかけたら……という逸話によるものらしい。越冬幼虫では小さすぎるが、終齢は70ミリくらいあるので、たしかに土瓶でもひっかけようかという枝に見えそうだ。

オオナミシャクはつる植物のイワガラミが食草だ。褐色の体節ごとに突起がつながった横筋状の隆起部がある。それはまるで節くれだったつるのようで、つるに寄り添うようにとま

キガシラオオナミシャク

オオナミシャク

クワエダシャク

っているととけこんでしまう。

キガシラオオナミシャクはサルナシなどを食草としている。褐色の体色で、胸と腰のあたりに突起がある。静止するときには頭と胸脚を抱え込むようにして体を真っ直ぐに伸ばす。サルナシのつるはところどころコブ状にふくらんでいるが、静止したキガシラオオナミシャクはこのコブ付きのつるにそっくりだ。

　バラの枝にはたくさんのトゲがある。この枝にとけこむ姿がキエダシャクだ。体側にはトゲ状の突起がずらりと並ぶ。赤い突起は先端部が黒ずみ、バラのトゲと同じカラーリングとなっている。キエダシャクのこだわりは細部にまで貫かれていて、胸脚も赤く先端部が黒い。そのトゲトゲぶりには「かっこいいなあ」と感心するが、ここまで凝る必要があるのかなとも思ってしまう。

　太い枝や幹の樹皮に静止するイモムシはまた少し違う工夫が必要となる。ヤガ科のシタバガ類は樹皮にとけこむ名手だ。属名からカトカラ類とも呼ばれ、成虫は大型で鮮やかな後翅をもち愛好者が多い。幼虫は50ミリ以上ある大型イモムシなのですぐに見つかりそうなものだが実際は見つけにくい。昼間は枝や樹幹に静止しているので他のイモムシのように葉ではほぼ見つからない。ざらざらした質感の褐色で、側方に張り出すような体型をしていて、幹にピタッと貼りつくと体の輪郭がわかりにくく、枝や幹に同一化してしまう。たとえばワモンキシタバは背面にはいくつかズンと突き出した突起があって大変特徴的な姿なのに、野外

キエダシャク

ワモンキシタバ

クワエダシャク
オオナミシャク
キガシラオオナミシャク
キエダシャク
ワモンキシタバ
枝にまぎれるイモムシ

で見つけるのは難しい。枝にぴったり貼りつくと枝との境目が曖昧になってしまう。目立つはずの背面の大きな突起も食草ウメの短枝のようで効果を上げる。

花、シダ、コケ、地衣類にまぎれる

植物の花を食べる風流なイモムシもいる。ウラギンシジミ（シジミチョウ科）はクズなどのマメ科植物が食草で、新芽や若葉も食べるが初秋にはクズの花をよく食べる。緑色型と赤紫色型があるが、クズの花を食べるものはたいてい赤紫色で花の色によくマッチしている。探すのはなかなか大変だが、食痕に注目するとたどりつきやすい。小さいうちは丸い穴を、大きくなると花を丸ごと食べるのでより目立つ。

秋の花擬態の名手といえばハイイロセダカモクメ（ヤガ科）だ。ヨモギの蕾や花を食べるが、やや山地に生息している。体は凸凹していて、濃淡の緑色が混じり合い、側面の隆起部や気門周辺は紅色に染まり、イモムシ界でもあまり見られない美しいカラーリングだと思う。体を二回屈曲させたM字状の姿勢をとると、イモムシらしからぬ姿になる。ヨモギは小さな花をたくさんつけるので、その中にいるハイイロセダカモクメを見つけるのはなかなか大変だ。同じヨモギの花では近縁種のホシヒメセダカモクメも見つかる。体の凹凸が少なく発見難易度はより低いものの、配色と側面の斜条が効果を発揮して花にうまくとけこんでいる

ホシヒメセダカモクメ

ハイイロセダカモクメ

ウラギンシジミ

ので、見つけるのは簡単ではない。

シダやコケを食草とするイモムシもいる。シダ食のイモムシが多いのはツマキリヨトウ類（ヤガ科）で15種ほどが知られている。イモムシの基本型ともいえる体型で緑色のものが多い。アヤナミツマキリヨトウやムラサキツマキリヨトウでは背面に山形の斑紋が、マダラツマキリヨトウではくっきりした黒色の横縞的斑紋が並ぶ。単体で見るとくっきりした目立つデザインなのだが、シダの羽状複葉にとまっていると、終齢では葉表にいるにもかかわらず、意外にとけこんでしまう。

コケを食べるイモムシはコケっぽい姿をしている。ヤガ科のクロミツボシアツバ、シャクガ科のクロフキエダシャク、キスジシロヒメシャクなどがいる。いずれも樹幹や岩上に発達した蘚類で見られる。体が凸凹し、暗緑色から淡緑色の細かい斑模様なので、コケのマット上にいると（もぐりこんだりせずに表面にいる）よくとけこんで、気合を入れて探索しないと見つけられない。

地衣類食のイモムシもいる。コケエダシャク（シャクガ科）は名前にコケと入っているものの食べるのは地衣類だ。僕が見たことがあるのは樹木の枝や幹からすだれのように垂れ下がるサルオガセ類でだが、樹幹にはりつくタイプを食べている可能性もある。体色はいかにもサルオガセ的な淡緑色で、不定形の黒色斑紋が多数散らばる。体型は太いのだが、たくさんぶら下がるサルオガセの束の中から見つけるのは、なかなか大変だ。

マダラツマキリヨトウ

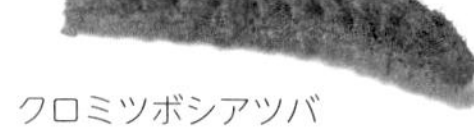
クロミツボシアツバ

コケエダシャク

花、コケ、シダ、地衣類にまぎれるイモムシ

鳥糞仮装とゴミ背負い

植物擬態とは違う方向で鳥の目から逃れようとするものもいる。鳥糞擬態のイモムシたちだ。鳥が関心を示さない姿になることで攻撃を避けるという戦略なのだろう。植物などに似た姿となる隠蔽擬態（カモフラージュ）に対して、鳥の糞になりすますタイプの擬態はマスカレードなどと呼ばれる。鳥糞の仮装だ。

鳥糞仮装はいろいろなグループに見られる。ギンモンカギバ、ウスイロカギバ、スカシカギバなどカギバガ科に多く見られ、他にシャクガ科のオカモトトゲエダシャク、カイコガ科のクワコ、ヤガ科のマダラエグリバなどがいる。これだけ流行しているところをみると、鳥糞デザインはやはり鳥の攻撃に対して一定の防御効果があるのだろう。

チョウ類ではアゲハチョウ科に見られる。ただし若齢～中齢段階に限られ、終齢になると緑色主体の配色にがらりと変身するものが多い。この変化についてはどう考えたらいいのだろうか。

最近、この点について興味深い報告がされている。緑色型、糞色型の体色と体サイズとの関係に注目し、それぞれのモデルを大小サイズで作成して野外に設置し、鳥の攻撃を受けるかどうかを調べた研究だ。それによると、小さな若齢サイズでは緑色型よりも糞色型の方が

オナガアゲハ５齢（終齢）

オナガアゲハ４齢

鳥の攻撃を受けず、終齢ほどの大きなサイズでは糞色型よりも緑色型の方が攻撃を受けないという。[48]

実際、野外でアゲハ終齢サイズほどの鳥の糞はまず見ない。鳥糞色はそもそも緑色の葉上で目立つ配色だから、そこまで大きなサイズで鳥糞色だとかえって見抜かれてしまうということなのだろう。最初は鳥糞色によってまぎれておいて、サイズオーバーしたら葉の緑色にまぎれるという二つの戦略を成長段階の途中で切り替えているというわけだ。

鳥糞イモムシには静止姿勢を工夫しているものも多い。スカシカギバやギンモンカギバなどのカギバガ類は水平方向に曲がったポーズで静止するし、オカモトトゲエダシャクは体を縦に折り曲げ、さらに横方向にねじりを加えた複雑なポーズをとる。

この折り曲げ姿勢の効果についても実験が行われている。先ほど同様、まっすぐな姿勢と折り曲げた姿勢の模型を野外に設置して、鳥による攻撃率を調べる実験だ。それによると、緑色の場合にはまっすぐも折り曲げも攻撃率にちがいはなかったが、鳥糞色の場合には折り曲げた姿勢の方がまっすぐな姿勢に比べてより攻撃されなかったという。[49]鳥の目には曲がっている方がそれらしく映るようだ。

体を植物や鳥糞に似せるのではなく、体にゴミをのせることで身を隠すものもいる。シャクガ科のアオシャク亜科にはクロモンアオシャク、ヨツメアオシャクなどにゴミをのせる習性が見られる。冬芽をおおう芽鱗や若葉などの小さなゴミをひとつずつ採取しては、

カギバガ類に代表されるように鳥糞擬態のイモムシによく見られる習性が「葉表に静止する」ことです。捕食者に見つからないためには葉裏に隠れる方が断然よさそうですが、それだけ糞ぶりに自信？をもっているかのように見えますね。

口から吐く糸で体につけるのだが、体表には糸をかけやすくするための突起が用意されている。背負うゴミは驚くほど大量で、体はほとんど見えなくなり、丸まっているとゴミの塊にしか見えない。横から透かして、かろうじて体のシルエットが見えるだけだ。

ヤガ科にもゴミ背負いタイプのイモムシがいくつか見られる。ニッコウフサヤガは植物質の細かいかけらを体に付着させる。いくつかの山ができるようにうず高く盛り上げるので、本当の体の輪郭ラインは消えてしまい、ゴミのように見えてしまう。

粉状の地衣類が繁茂する場所で見られるシラホシコヤガ（ヤガ科）も、周囲にある地衣類を体に乗せる習性がある。こちらも体本体が見えなくなるほど大量に地衣類を付着させるので、周囲と一体化して非常に判別しにくくなる。あるとき、地衣類で一匹見つけ喜んで撮影したのだが、後でモニター上の写真を見ていたら、同一画面内に何匹もいることに気がついた。現地では目の前にいたはずなのにさっぱり見えていなかったのである。かくれる効果を実感したできごとであった。

鱗翅目(りんしもく)は地球上のあらゆる植物を食べるため多様に分化してきた。その幼虫であるイモムシの体色は天敵の目から逃れるために、食草植物や生息環境に合わせ細かくチューニングされていった。無色が多数派である完全変態昆虫の中にあって、イモムシは最もカラフルな幼虫といえるだろう。僕がイモムシの姿に目を奪われるのは、それが長い進化の歴史の中で生まれた多様性を反映している色だからなのかもしれない。

鳥糞的なイモムシ

ゴミを背負うイモムシ

クロモンアオシャクがゴミを一個ずつつける様を見ていると、体表から粘液が出て転げまわるとゴミがいっぺんに付着する仕組みでもあればいいのになんて思ってしまいますが、どこかでそんなイモムシも見つかるかもしれません。

第5章

イモムシをとりまく生きものたち

イラガ

たくさんの名前をもつイモムシ

虫好きが集まる席でのこと、あるイモムシの呼び名の話になった。

「うちでは『おこぜ』って呼んでました」(名古屋)

「『きんときむし』っていいません?」(豊田)

「『こんぺいとう』って言ってたけど、うちだけだったのかなあ」(茨城)

これらはいずれもイラガを指す名前なのだそうだ。こんな風にそれぞれの地方に独自の名前があることに興味を覚えた。地域を広げたら他にもいろいろな名前があるのではないだろうか。

そこで昆虫の方言名を集めた事典で調べてみることにした。(50) 予想通りイラガは多くの名が紹介されていて、鱗翅目(りんしもく)の中でカイコについで多くの方言名をもつイモムシであった。これはイラガが人の暮らしにかかわりが深いことを意味している。いらむし(刺虫)、おこぜ(虎魚)、さしむし(刺し虫)、でんきむし(電気虫)、とげむし(刺虫)に象徴されるように、そのかかわりとは「刺されて痛い」ことであり、その痛みが他の有毒種と比べて強いことを物語っている。

上掲書の鱗翅目幼虫の項で方言名が最も多く掲載されているのが**カイコ**です。イラガとは違い、「おかいこさま」「おこさま」「おひめさん」「しろさま」「ひめ」など、敬意をこめた名前が多く紹介されています。

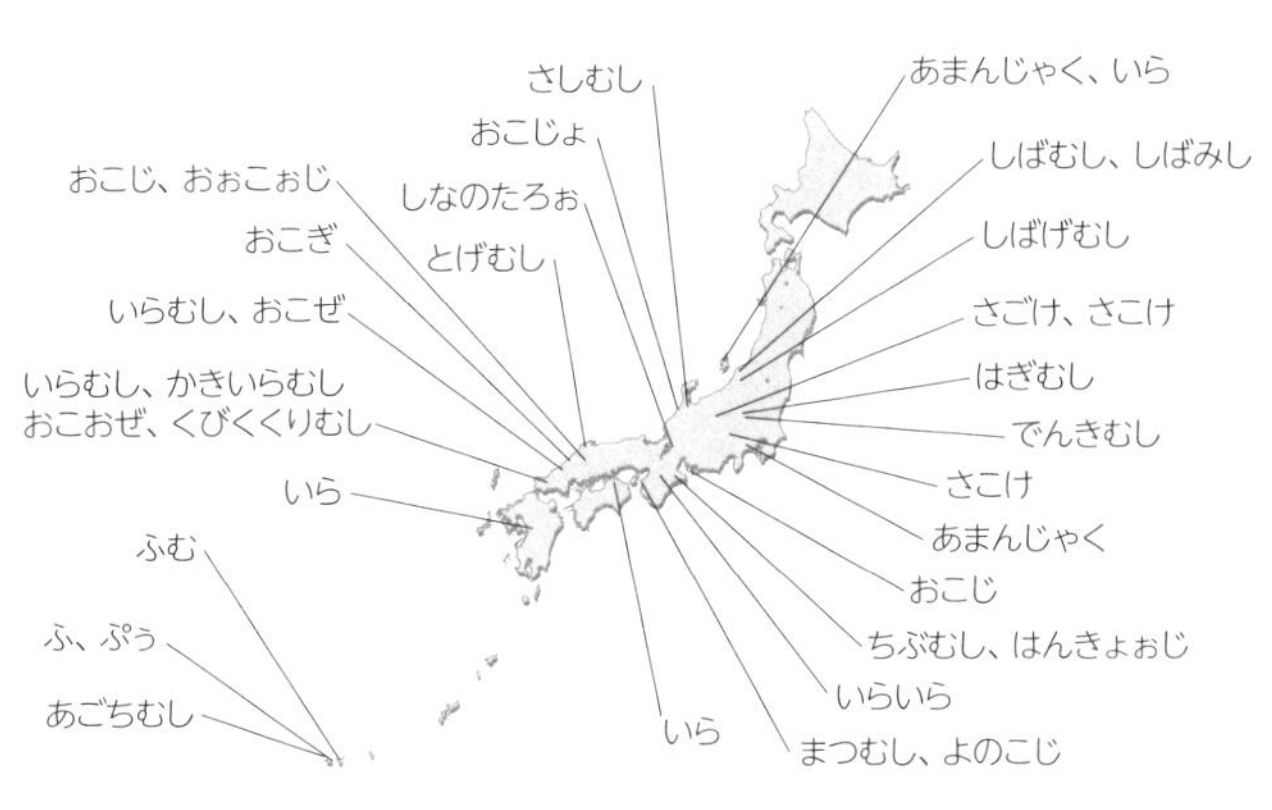

(『昆虫名方言事典』(50)から引用、著者地図化)

イラガの方言名

イラガ(ナミイラガ)は広食性で、しばしばカキノキなどの庭木に発生する(この生態をとらえた「かきいらむし」の名もある)。また独特な模様がある楕円形の固い繭(まゆ)はよく目立ち、スズメノショウベンタゴなどと呼ばれる。イラガは人里環境でもっとも身近な有毒イモムシのひとつだ。

この事典の鱗翅目の項にはイラガの他にセセリチョウ、メイガ、シャクガ、カレハガ、カイコ、クスサン、ヤママユ、ドクガ、ヨトウガなどが掲載されている。これらと人とのかかわりとは何だろう。

カレハガ(マツカレハなど)やドクガ(モンシロドクガ、チャドクガなど)はイラガ同様有毒であり、やはり「痛い」イモムシたちだ。セセリチョウ(イチモンジセセリなど)、メイガ(ニカメイガなど)、シャクガ(クワエダシャクなど)、ヨトウガ(ヨトウガなど)は農作物の害虫となるイモムシたちだ。一方、カイコは養蚕の主役であり、ヤママユは天蚕糸を、クスサンはテグス糸をとるために利用してきたイモムシたちである。方言名の多さは、プラスにせよマイナスにせよ、人の暮らしへの関わりの深さを知るバロメーターといえそうだ。

毒をもつイモムシ

イラガのような有毒イモムシは何種くらいいるのだろうか。毒の有無不明の種が多いので、この問いに正確に答えることは難しいが、僕が実際に観察したことのある種の中で確実な症例があったり、有毒の可能性が高いと考えられるものを有毒種として数え、科ごとの有毒種数をまとめてみた。それによると666種のうち有毒種は39種で、全体の0・5パーセント程度という結果になった。

専門医が臨床例を元に皮膚炎をもたらす昆虫についてまとめた図鑑[51]によると、有毒毛をもつ鱗翅目(りんしもく)は50種程度と紹介されている。未知の有毒種がどのくらいいるか不明だが、それでもここから大幅には増えないように思う。鱗翅目6000種のうち有毒種が仮にこの50種程度であるとすると、その割合は1パーセント未満になる。有毒イモムシはきわめて少数派の存在といえる。

イモムシの話をしていると「毒のあるなしを見分けるにはどうしたらいいですか?」と聞

クスサンにも方言名が多くあります。前掲書に「くりさん」「げじげじ」「しらがだゆう」「てぐすのむし」「ならむし」など、姿や生態をあらわす名前が紹介されています。大型でテグスがとれる他、集団発生するので人の目にとまりやすいのでしょう。

主な有毒種
テングイラガ
イラガ
ヒメクロイラガ
ナシイラガ
クロシタアオイラガ
ウスムラサキイラガ
アカイラガ
ウメスカシクロバ
タケノホソクロバ
アオイラガ
ヒロヘリアオイラガ
サツマニシキ
ホタルガ
マツカレハ
タケカレハ
モンシロドクガ
クヌギカレハ
キドクガ
ゴマフリドクガ
ドクガ
ウンナンヨツボシホソバ
チャドクガ

科別有毒種数

シロチョウ科 0	ツトガ科 0
シジミチョウ科 0	カギバガ科 0
タテハチョウ科 0	シャクガ科 0
セセリチョウ科 0	**カレハガ科 7**
ヒゲナガガ科 0	ヤママユガ科 0
ムモンハモグリガ科 0	スズメガ科 0
ニセマイコガ科 0	シャチホコガ科 0
キバガ科 0	**ドクガ科 7**
イラガ科 11	**ヒトリガ科 1**
マダラガ科 13	ヒトリモドキガ科 0
ハマキガ科 0	コブガ科 0
トリバガ科 0	ヤガ科 0
メイガ科 0	

(『イモムシハンドブック』調べ)

かれることがある。「触っても大丈夫なイモムシかどうか知りたい」という動機はよくわかるのだが、残念ながら見た目だけで有毒か無毒かを区別できるようなはっきりした基準はない。派手な体色が有毒種の目印になるとは限らないということは体色の章で紹介した通りだ。たとえるなら、見た目の派手さだけで有毒キノコかどうかを見分けられないのと同じと言える。毛の有無や多少もあてにはならない。例をあげれば、ふさふさなケムシでもヒトリガ、シロヒトリが無毒な一方、毛がそれほど目立たないウメスカシクロバやリンゴハマキクロバという有毒種もいる。

有毒種の所属を見ると、イラガ科、マダラガ科、カレハガ科、ドクガ科、ヒトリガ科の5科だけに限られていて、ほとんどの科は有毒種を含まないことがわかる。だから、その

イモムシの毒性の有無やその強さは結局のところ刺されてみないとわかりません。庭木に発生する普通種ならまだしも、出会う機会の少ない種では具体的な症例による情報は少ないものです。かといって自分で刺されるのもさすがに躊躇してしまいます。

イモムシが何科かを知ることは毒の有無を判断する重要な手がかりになる。
ただし5科の中にも有毒種と無毒種が混在している。ドクガ科で内訳を見てみよう。『日本産蛾類標準図鑑』[15]には54種が掲載されている。不明な種があるので正確な数ではないが、有毒の可能性があるのはこのうち10種ほどと考えられる。なので残り40種ほどが無毒だ。ドクガ科と聞くと「毒がある」という印象を抱くかもしれないが、実際はこのように有毒種は5分の1にすぎず、むしろ無毒種の方が多い。毒の有無を正しく知るには、結局のところ種をきちんと同定するしかない。

　イモムシの毒とはどのようなしくみになっているのだろうか。先の図鑑[51]によると、鱗翅目の毒のしくみには毒針毛と毒棘の二つのタイプがあるという。

　毒針毛をもつ代表的なものがドクガ科のチャドクガとドクガで、人的被害も多いことから最も注意が必要な毒ケムシといえる。毒針毛とは0・1〜0・2ミリ大の釘のような形をした小さな毛のことで、これが皮膚に刺さり、内部に入っている毒液によってアレルギー反応をひきおこし皮膚炎を生じる。毒針毛がやっかいなのは簡単に脱落しやすく、イモムシに直接触れなくても風で飛ばされた毛がつく可能性があること、またチャドクガでは幼虫だけでなくメス成虫の尾端部や卵塊、繭にもこの毒針毛が付着しているため、ほぼ全ステージで注意が必要という点にある。毒針毛に触れたときの初期対応としては、粘着テープで毒針毛を除去、泡立てた石鹸をつけシャワーで勢いよく流す（刺さっていない毛を除去する）といっ

毒針毛と毒棘

た方法が紹介されている。この毒針毛型はクヌギカレハやマツカレハなどのカレハガ科にも見られる。

一方、イラガ科のイラガやヒロヘリアオイラガなどは毒棘というしっかりした毒の棘をもっている。皮膚にささるとその根元にある毒液が注入され、激痛をともなう皮膚炎を生じ、アレルギー反応をひきおこすという。毒針毛とちがって抜け落ちにくいので、繭(まゆ)や成虫、卵など他のステージでは触れても炎症は起こらない。毒棘に触れた場合の対応としては、保冷剤などによる局部冷却が紹介されている。この毒棘型はタケノホソクロバやウメスカシクロバなどマダラガ科にも見られる。

タテハチョウ科のツマグロヒョウモン、ルリタテハなどは、同じような鋭い棘をもっているが無毒だ。ただ、触れると少しチクチク

マツカレハなどの繭の表面には部分的に幼虫時代の**毒針毛**が付着しています。ためしに触れてみるとチクチクした痛みを感じるので、炎症を起こす可能性があります。繭はオフシーズンにも残りやすいので注意した方がよさそうです。

ヒトリガ

ツマグロヒョウモン

感じるくらいの固さと鋭さはあり、皮膚が敏感な人は軽い痛みや紅斑を生じる場合もあるというから注意した方がいいだろう。

毒イモムシはもちろん不注意な人を痛がらせるために毒をもっているわけではなく、鳥などの捕食者に対する防御手段の一つだ。しかし、毒をもつためには、それだけ栄養分を回す必要があり、成長に使う分が目減りするというデメリットがある。毒を作って身を守ることも一つの方法だが、防御手段が手薄でもどんどん成長して幼虫時代をできるだけ早く乗り切るというのもまた一つの生き方だ。有毒種が全体の1パーセントに満たないところをみると、後者のまっとう（？）な生き方がイモムシとしては王道なのかもしれない。

毛、棘、突起の謎

有毒種はごく少数派。ということは毛がふさふさのケムシでも無毒である可能性の方がむしろ高いはずだ。実際、ケムシ王国ともいえるヒトリガ科でも、コケガ類などに有毒種がいくつかあるだけでほとんどは無毒だ。普通に見られるヒトリガやシロヒトリは無毒なので、何

なら手にのせてなでながらフサフサ具合を愛でても害はない。

このような無毒ケムシの毛というのは一体何のために生えているのだろうか。最近、毛は捕食性昆虫に対する防御手段として機能しているという興味深い研究成果が発表されている。[52]

カタビロオサムシという甲虫がいる。オサムシは後翅（こうし）が退化し地上を歩き回るものが多いが、このカタビロオサムシには翅（はね）があり、草や木に登ってイモムシを捕らえ食べる。カタビロオサムシはイモムシの捕食性天敵の一つだ。

この研究では、カタビロオサムシの一種クロカタビロオサムシに、毛の量に違いがある5種の幼虫を与え、捕食成功度を比較している。テングチョウなど毛の少ない4種に対する狩りではほぼ100パーセントの成功率だったが、毛の最も長いクワゴマダラヒトリに対しては46・8パーセントの成功率にしかならなかったという。

クロカタビロオサムシの武器は大顎（おおあご）で、その長さは2ミリくらいだが、クワゴマダラヒトリの毛の長さは5ミリほどある。顎より長い毛があるためにオサムシは体をかむことができず、何度も攻撃するうちにあきらめてしまう（その様子はインターネット上の動画でも公開さ

上の研究で使われたイモムシに**マイマイガ**が含まれているのですが、これに対する狩りの成功率は93.6%で意外に高いようです。マイマイガくらいの毛の量だとオサムシに対する防御効果は薄いということでしょうか。

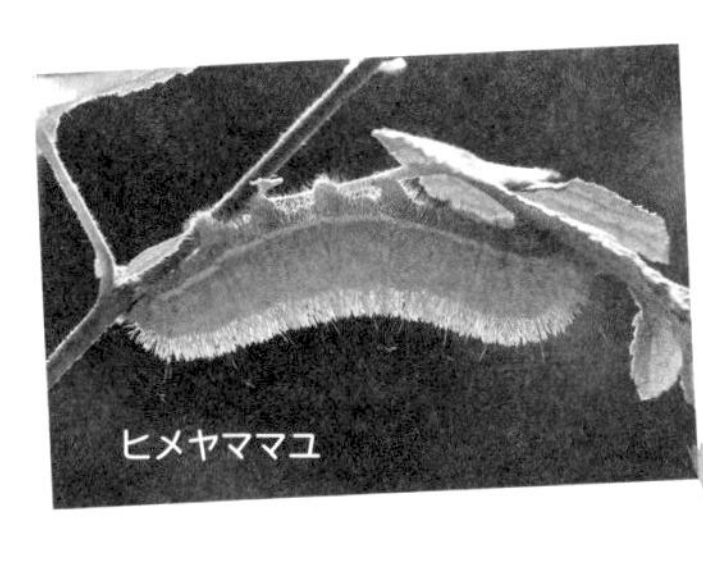

長さのそろった毛は何のため？

れている）。長毛の効果を検証するため、さらにユニークな追加実験も行われた。クワゴマダラヒトリの毛を1・5ミリまで短く刈り（鼻毛カッターで）、この短毛クワゴマダラヒトリを与えると、オサムシの狩り成功率は100パーセントに上昇したという。

たとえ無毒であっても毛は無駄に生えているのではなく、少なくともカタビロオサムシのような天敵に対して立派に防御の役割を果たしていたのだ。

一方、どのように機能しているのかよくわからない毛の例もあり、個人的にはヒメヤママユ（ヤママユガ科）の毛のあり様が気になっている。長さのそろった短い刺毛が密に生え、腕のいいバリカン職人が刈りそろえたようなのだ。カタビロオサムシの大顎攻撃をさけるためなら、短くそろえる必要はないはずだし、短い毛にも何か特別な狙いがあるはずとにらんでいるのだが、その機能はいまだに思い浮かばない。

毛よりしっかりした棘や突起をもつものもいる。タテハチョウ類、ヒョウモンチョウ類（タテハチョウ科）には立派な棘があるが、毒をもってはいない。派手な体色と同じく有毒種への擬態という効果があ

カバマダラ
アサギマダラ
オオゴマダラ
エゾヨツメ若齢
クロモンキリバエダシャク
モクメシャチホコ
ニッコウシャチホコ
アサマイチモンジ
ルリタテハ
エルタテハ
メスグロヒョウモン
ツマグロヒョウモン
ウコンカギバ
フタキスジエダシャク
オオクワゴモドキ
カバイロモクメシャチホコ
スジモクメシャチホコ
ナカスジシャチホコ
ギンシャチホコ
ホシヒメホウジャク
コエビガラスズメ
エゾスズメ
クロメンガタスズメ

突起顔のイモムシ

るのだろうか。ギンシャチホコの背面の枝分かれした突起や、ナカスジシャチホコ（ともにシャチホコガ科）のステゴサウルスを彷彿とさせる背面の板状突起、クロモンキリバエダシャク（シャクガ科）の鹿角状の突起（柔らかい）、エゾヨツメ（ヤママユガ科）の火花のような突起になると、ビジュアル系イモムシウォッチャーとしては「かっこいい！」と喜ぶ対象ではあるものの、機能的には何狙いなのだろうと首を傾げてしまう。

ウコンカギバ（カギバガ科）も変わった突起をもつ。長くて先端が湾曲する肉質の突起を体の前方と後方に数本ずつ生やし、通常はこれらの突起をそろえるようにして葉表に静止する。何とも不思議な姿だ。この幼虫がウコンカギバであることを突き止めたのは中島秀雄さんだが、発見当時は「あれは科もわからなかったの、見つけた時点では。尾角（びかく）みたいなのがあるからスズメガかな」と思ってしまうくらい正体不明の姿に見えたそうだ。

フタキスジエダシャク（シャクガ科）の突起にいたっては何と可動式で、しかも左右独立にピコピコ動く。どういう機能を果たしているのか不明だが、体の動きに連動するようでいてしていないような、実に不思議な動きをする。

頭部に突起をもつものもいる。スミナガシ（タテハチョウ科）の頭部には湾曲した長大な突起がある。刺激を受けると頭部を振る動作をするので、この突起は威嚇効果を増大させる意味があるのかもしれない。トビモンオオエダシャク（シャクガ科）やヒメジャノメ（タテハチョウ科）では突き出した突起があって、ウサギやネコのような顔になっている。オオムラサキの突起はトゲトゲ、ヒメキマダラヒカゲ（タテハチョウ科）のものはおしゃれなワンポイントオレンジだ。いずれもかわいいキャラクター的雰囲気を出しているのだが、こんな小さな突起にも何か機能的な意味が隠されているのだろうか。

たくさんの天敵たち

イモムシの主な天敵は鳥類だが、先のカタビロオサムシのように他にもより小型の天敵がいる。

頭部に突起をもつ中で人気者なのがネコ顔の**ヒメジャノメ**などですが、威嚇など何らかの防御の効果があるとは思えず、いっそかわいく見せるためなんじゃないかとあらぬ妄想をしてしまいます。

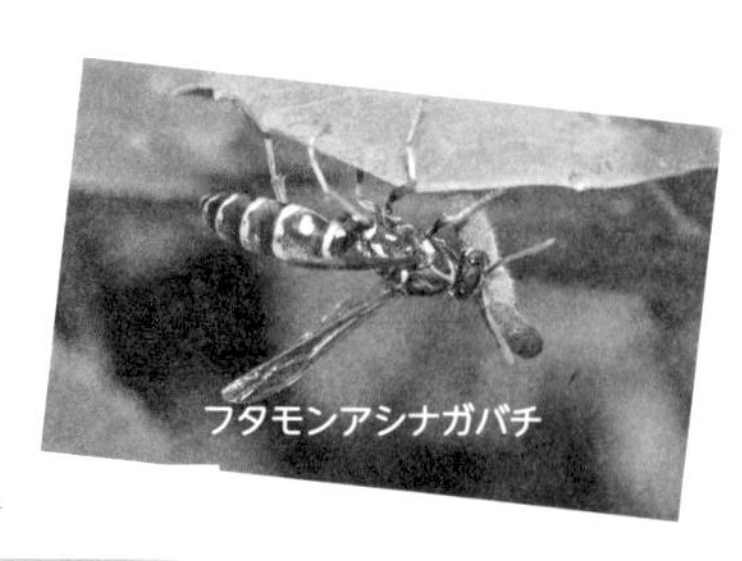

イモムシを狩るハチ

重要な天敵昆虫のひとつはハチである。アシナガバチの一種フタモンアシナガバチはイモムシをよく狩ることが知られ、とらえたイモムシは肉団子に加工して巣に持ち帰り幼虫の餌とする。フタモンアシナガバチの採餌量の研究[53]によれば、1コロニー（平均育房数386・58）あたりの採餌量は454キロカロリーで、これはよく獲物とするモンシロチョウ終齢幼虫に換算すると1170匹分になるという。キャベツ畑の近くにフタモンアシナガバチの巣が一つあれば、そこから1170匹ものモンシロチョウが狩られる可能性があり、重要な（キャベツ農家にとっては頼もしい）天敵であることがわかる。

単独性カリバチにもイモムシを獲物とするものがいる。たとえばドロバチ科のキアシトックリバチは小型のイモムシを狩り、トックリ形の泥巣に運び入れて産卵する。巣の中身を調べたことがあるが、直径1センチほどの小さな巣に褐色のシャクガ科の幼虫9匹が、また別の巣ではシャクガ科10匹と緑色の幼虫2匹（同定できず）がぎゅうぎゅうにつめこまれていた。まわりは植物がまばらに生える河川敷であり、小さなハチがよくこれだけの数のイモムシを見つけとってこられるものだと感心した記憶がある。

捕食性の小型天敵

アナバチ科のジガバチもイモムシハンターだ。地中に穴を掘り、狩りをし、穴に獲物のイモムシを運び入れて産卵する。ときおり発する「ジガジガ」という音を、地中に埋めたイモムシがハチになるための祈りの声に見立てたくらいで、昔からそのイモムシハンターぶりが知られてきた。獲物の種類ではヤガ科とシャクガ科が多く、一つの育房に通常2～5匹が運び入れられるという。[54] 僕が実際に観察した巣の獲物はやはりヤガ科のウリキンウワバとシャクガ科の1種（種不明）だったが、ハチの大きさを反映して先のトックリバチの獲物よりも大きいサイズだった。

甲虫目では先に紹介したクロカタビロオサムシを含むカタビロオサムシ類がイモムシ専門捕食者だ。またシデムシ科のヨツボシヒラタシデムシもイモムシハンターで、初夏の頃、樹上でイモムシを捕らえて食べる場面が見られる。

トックリバチやジガバチはイモムシを捕らえると針で毒液を注入しますが、殺してしまわず動けない状態にとどめます。ハチの巣の中で幼虫に食いつかれるまで動かず新鮮な状態に保たれます。

アオムシコマユバチ(モンシロチョウ)

コマユバチの１種(ルリタテハ)

イモムシの寄生蜂

半翅目にも捕食性（吸血性）のものがいて、たとえばヨコヅナサシガメ（サシガメ科）が集団でイモムシを刺していたり、アオクチブトサシガメ（カメムシ科）がイモムシを吸血する姿が見られる。さらにカマキリ、アリ、ムシヒキアブ、クモ、ダニなども、イモムシの捕食性天敵の一つだ。

キャベツ、イモムシ、寄生バチの複雑な関係

イモムシを飼育していると、しばしば容器内に小さなハチやハエがあらわれる。イモムシ屋としては「羽化するのを楽しみにしてたのに……」とがっかりしてしまうが、これら寄生性のハチ、ハエも重要な天敵だ。

たとえばモンシロチョウの個体数密度に最も大きな影響を与えているのは、鳥やアシナガバチではなく寄生バチの一種アオムシコマユバチ（コマユバチ科）だというデータがある。[55] アオムシコマユバチはモンシロチョウの1〜3齢幼虫に寄生し、宿主が5齢（終齢）になると脱出し、周囲で繭をつくる。宮崎市の調査例では、第1化の寄生率が35〜60パ

糞をするモンキチョウ

ーセント、第2化では70〜80パーセントに達し、6月末には幼虫のほとんどが寄生を受けた状態になるという。

イモムシとしては彼らに見つからないようにしたいところだが、寄生者は巧妙なしくみで探し当てる。たとえばカリヤコマユバチという寄生バチは寄主であるアワヨトウが葉を噛んだ跡や排出した糞の匂いを手がかりに近づき産卵するという。[56] イモムシが葉を食べれば必ず噛み跡はできるし糞も出るので手がかりを与えてしまう。

寄生バチの糞探索に対する対抗手段と考えられるのが放糞行動だ。たとえばモンキチョウ（シロチョウ科）は、腹端にそのための放糞器という器官を備えている。糞を排出する際、そのまま落下させるのではなく、放糞器を使って遠くまで放り投げる。飼育していると、「ピチンッ」という音が聞こえることがあるが、これは投げられた糞が容器に当たる音だ。終齢では50センチも遠くに飛ばすことができるという。[9]

糞の出し方を工夫したとしても、寄生者の目を逃れることはなかなか難しい。最近の研究によると、ある種の植物はイモムシなどに葉を食べられると揮発性物質を発し、その匂いを目印にして寄生バチが寄主にたどりつくという。植物が寄生バチを呼び寄せているわけだ。

第３章で紹介した化学的防御をする植物の例と同じく、キャベツなどのアブラナ科植物もカラシ油類という有毒物質をもっています。これを突破したのがモンシロチョウやコナガなどです。

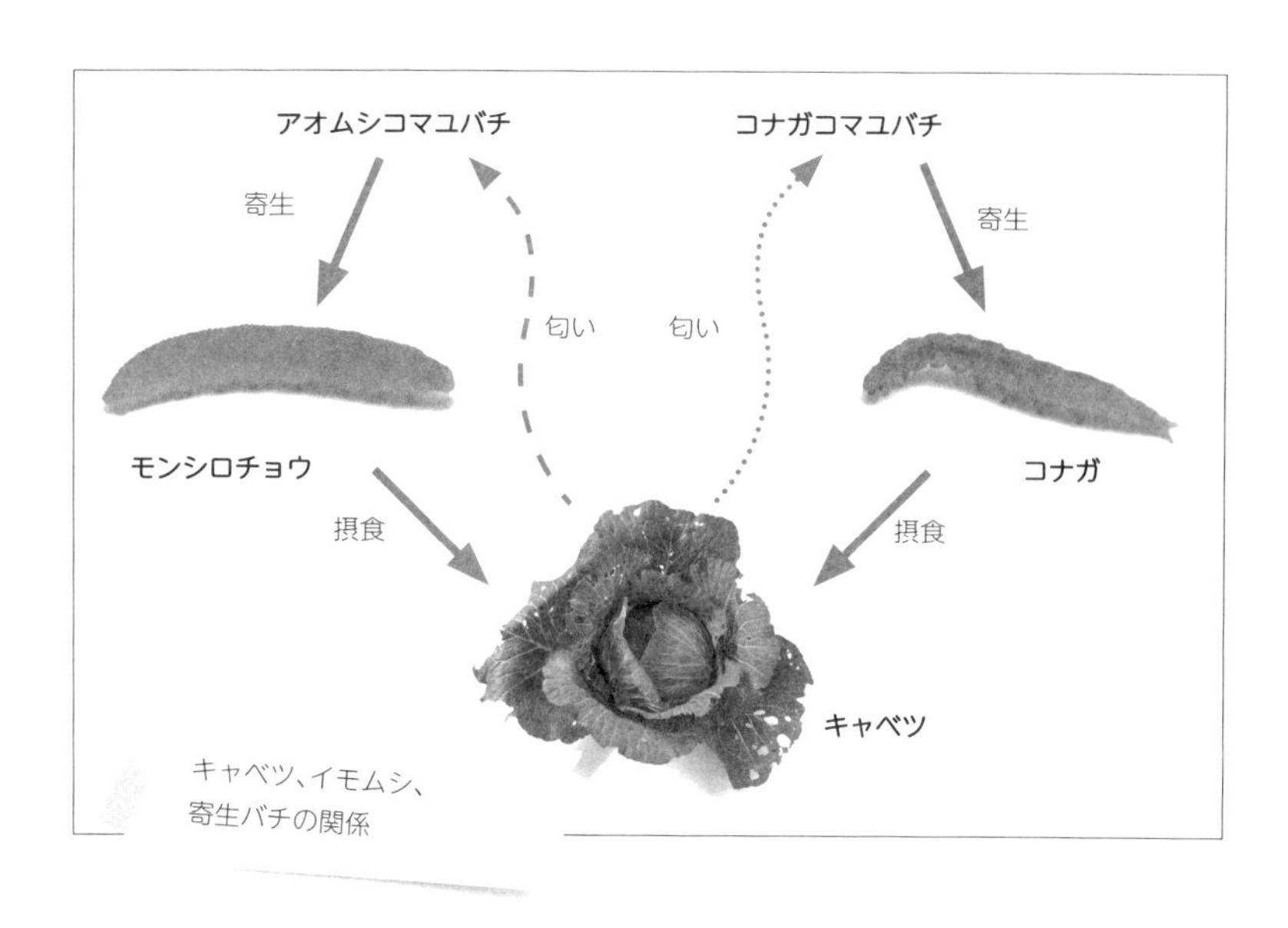

キャベツ、イモムシ、寄生バチの関係

キャベツの例では、イモムシの種類によって違う寄生バチを呼ぶ巧妙な仕組みがあるという。[57] キャベツを食草とするイモムシには、たとえばモンシロチョウとコナガがいる。モンシロチョウにはアオムシコマユバチ、コナガにはコナガコマユバチと、別種のハチが寄生する。寄生バチはキャベツが葉を食べられたときに発するにおいを目印にして飛来するが、細かく調べると、コナガコマユバチはモンシロチョウに食べられたキャベツには誘引されず、コナガに食べられたキャベツだけに誘引されるという。キャベツの発する物質を分析すると、コナガに食べられたときとモンシロチョウに食べられたときとでは放出成分の割合が変わっていて、コナガに食べられたときにはそれ専用のにおいを発し、コナガコマユバチだけを呼び寄せているらしいのだ。

植物—寄生バチの連携システムの精細さにはびっくりさせられる。

イモムシの寄生者は種類が多く、モンシロチョウではアオムシコマユバチのほかに、キアシブトコバチ、モンシロヒラタヒメバチ、カラフトモンシロヒラタヒメバチ、チャイロヒメバチ、ヒメキアシフシオナガヒメバチなどのハチ類、マガタマハリバエ、ノコギリハリバエ、エゾシロヤドリバエなどのハエ類が知られている。[55] これらを含めればさらに複雑な関係が広がっていることが想像できる。

キャベツの葉を食べるモンシロチョウはよく目にする光景だけれども、そこには多くの寄生者や、コナガのような同じ食草の他種や、さらにその寄生者がいて、それぞれが攻防を繰り広げている。きっとどのイモムシのまわりにもこのような生物同士の複雑なネットワークがあるにちがいない。

威嚇、防御のいろいろ

僕はイモムシ好きだが、連れ合いのK子さんはイモムシが大嫌いだ。仕事部屋で飼育しているイモムシや、パソコンに映し出されるイモムシの写真を見ては「キモッ!」と言い放つ。その度に多少傷つくのだが、それでも家の中でイモムシを飼育させてもらっているのでよしとしている。彼女のイモムシ嫌いは幼少時のトラウマによると言う。東北の農家生まれでよ

アゲハの匂いって、嫌ですか？　僕はそれほど嫌ではなくて、「ああ、アゲハの匂いだ」ってむしろ少しうれしいのです。イモムシ好きというフィルターを通しているからそう感じてしまうのでしょうか？

ナガサキアゲハ

クロアゲハ

ヒメギフチョウ

く畑仕事を手伝っていたが、ニンジンを収穫しているときのこと、「いきなりあの縞々のアゲハ（キアゲハ）が目の前に出てきて、角をにゅっと出して、いやな臭いもして……」

さぞびっくりしたのだろう、大人になった今も思い出しながらとても嫌そうだ。僕などは「キアゲハはあの縞々と角があるからかっこいいんじゃないか」と思ってしまうのだけれど。

アゲハチョウ科のイモムシは第一胸節の背板中央に反転式のY字状の肉角（臭いを発するので臭角とも）をもっている。これは人も驚かせるが、本来は天敵に対する防御手段だ。クロアゲハなどの肉角は長くて立派で長時間出していて、いかにも威嚇という感じだが、ウスバアゲハやギフチョウになるとほんの少し出すだけでそれほど威嚇にはなっていないような気もする。アゲハが発する臭いについての研究によると、ある種の成分はアリに対して強い毒性と忌避作用があるという。[58] 小さい肉角や控えめな威嚇行動をするものでは、むしろアリなど小型の天敵に対する防御の意味あいが大きいのかも知れない。

屋久島在住の写真家Yさんと話をしていたときのこと、Yさんがイモムシ嫌いだという話になった。撮影となれば何十日も山にこもるほ

眼状紋のあるイモムシ

どワイルドな方だし、どうしてと不思議に思ったが、幼少期の嫌な思い出があるのだそうだ。
「家にムベの棚があって、そこにアケビコノハがいたんです。ある日、目と目が合ってしまって、それからもうだめ……」と、本当に嫌そうに言われる。「目」というのは体の側面にある眼状紋のことで、その目に見られている気がしたということらしい。ここでもイモムシ好きの僕はギャップを感じ「アケビコノハはあの目玉がかっこいいのに……」と思ってしまうのだけれど。

眼状紋はアゲハチョウ科、シャクガ科、スズメガ科、ヤガ科などに広く見られる。単色の丸紋に近いものから、白目と黒目が分かれたもの、丸いもの、平べったいもの

目玉模様のイモムシは全部好きですが、まずはやっぱり見事な目玉のアケビコノハ、前後半で色が変わるセスジスズメ、ぱっちり目のシタベニスズメ、でっぱり目玉のミスジビロードスズメ……きりがないですね。

と様々な目玉がある。アケビコノハの眼状紋は、きらりと光る輝点のような細かい模様まである凝りようだし、ビロードスズメやミスジビロードスズメでは物理的にその部分が突出しより強調されている。

眼状紋は天敵に対して実際どのくらい効果があるのだろう。その効果を体サイズとの関係で論じた研究がある。[59]「眼状紋がない―ある」「体が大きい―小さい」を組み合わせた4タイプのイモムシの模型を野外に設置し、また屋内でニワトリに与え、その効果を検証している。それによれば、体が小さい（20ミリ大）場合には眼状紋の効果はあまり見られなかったが、体が大きい（40ミリ大）場合には眼状紋のある方が鳥の攻撃はより少なくなり、攻撃までの時間がより長くなったという。眼状紋は実際、鳥に対して効果がありそうだが、それは体がある程度大きなイモムシに限ってのことのようだ。

そうなるとわからないのは、小さな眼状紋をもつ小さなイモムシたちだ。たとえばウストビイラガ（イラガ科）というイモムシがいる。扁平で六角形というユニークな体型をしているが、体長15ミリほどしかないのにもかかわらず眼状紋をもっている。あるいはオオゴマダラエダシャク（シャクガ科）も小さい段階から背面に小さな眼状紋がある。鑑賞する分には大変楽しいのだが、鳥に対する防御効果は弱そうだし、では何のためにと頭をひねってしまう。

天敵に対して行動で防御するものもいる。シャチホコガ科では体を反らせる独特の威嚇姿勢をとるものが多い。先に登場したシャチホコガの他、ヒメシャチホコ、シロシャチホコなども大変長い胸脚（きょうきゃく）をもち、えび反りポーズをとる際にこの脚（あし）を広げ、わなわなと震わせる。イモムシらしくない姿で、見るものをぎょっとさせる効果はたしかにありそうだ。他にもクビワシャチホコは体を反らせると胸部腹面の青黒い部分をあらわにし、モクメシャチホコには胸部を膨らませると同時に長い尾脚（びきゃく）からさらに延長物をのばすという技がある。

ウラギンシジミは第8腹節に大きな筒状突起をもっている。刺激を受けるとここからさらにブラシ状の突起を伸ばしパッと花火のように広げる。この不思議な突起の機能について、徘徊性のクモに対しては目立つ突起を攻撃させることで致命傷を避ける効果が、サシガメに対しては脅しの効果がみられるという。(39)

クヌギカレハ（カレハガ科）やリンゴドクガ（ドクガ科）は体をお腹側に曲げて背部にある毛束を見せつける姿勢をとる。オオゴマダラエダシャク（シャクガ科）やクワコ（カイコガ科）は頭胸部を縮めて膨らませコブラが頭をもたげたような体型に変形する。オビガ（オビガ科）やフクラスズメ（ヤガ科）は体を激しく揺らすが、その振動はたいそう大きくて、止まっている植物ごとゆさゆさ揺れてぎょっとするほどだが、観察会などではその豹変ぶりがスター級の賛辞を受けることになる。

ウスタビガ（ヤママユガ科）やエゾスズメ（スズメガ科）は刺激を受けると音を発する。キュウキュウ、ギュウギュウといった音だが、特にエゾスズメは大きな音で呆れるほど長く

エゾスズメはよく鳴くイモムシです。連れ帰る途中にお腹が減って食堂に立ち寄ったのですが、店内でずっと「キュウ、キュウ……」と鳴かれて気まずい思いをしたことがあります。

ヒメシャチホコ
クビワシャチホコ
モクメシャチホコ
ウラギンシジミ
リンゴドクガ
オオゴマダラエダシャク
クワコ
オビガ
フクラスズメ
ヒトリガ
ヒメジャノメ
アオバセセリ

鳴き続ける。

危険を感じたときに植物から地面へ落下し死んだふりをするものもいる。タテハチョウ科のヒカゲチョウ類やジャノメチョウ類はちょっとした刺激でポトリと落下し地上で体を丸め、しばらくの間動かない。一瞬で視界から消えて見失わせる方法であり、特別な仕組みもいらないので、案外コストパフォーマンスのいい防御方法なのかもしれない。

目に見えない天敵

食性のところでも登場したマイマイガ（84ページ）は周期的に大発生することが知られている。最近の長野県での観察では２０１３年頃から発生量が増え、２０１４年に北部地域を中心に大発生して、２０１５年になると一部地域をのぞいて発生量は激減し、その後は低い生息密度のまま推移している。大発生年には木々が丸坊主になるほどなのに、数年後にはほとんど見られなくなるほど減少する。この大発生を劇的に終息させる主な要因は菌類やウイルスだといわれている。

１９７４〜１９７５年の北海道でのマイマイガ大発生に関する調査では、死亡要因としてアオクチブトカメムシなどによる捕食、寄生蜂による寄生のほか、ウイルスによる病死があげられている。[60] １９７４年にはウイルスによる病死が高率で見られ、とくに１齢と３齢で高

病原となる微生物にはウイルス、細菌類、真菌類（本文では菌類）があります。これらは非常に小さいという共通点はありますが、その中でも大きさの違いや、細胞や核を持つか、自己増殖できるかなどの違いがあります。

く、3齢で50パーセント、蛹で採集時34パーセント、一週間後に50パーセントが病死したという。これはバキュロウイルス科のマイマイガ核多角病ウイルスというもので、感染した幼虫は液状にとけて樹上で垂れ下がるように死亡する。またマイマイガにはエントモファーガ・マイマイガという感染菌も知られている。2010年の北海道十勝東部での大発生では、死亡率が80〜100パーセントに達したが、要因にはヤドリバエによる寄生、ウイルスによる病死、エントモファーガ・マイマイガによる病死があり、場所によっては100パーセントの幼虫が疫病に罹患したという。(61)

イモムシに対する感染菌には冬虫夏草と呼ばれるものもある。冬虫夏草とは生きた昆虫の体内に侵入して殺し、子実体を伸ばして胞子を放出する、殺虫キノコとでもいうべき菌類だ。目に見えない菌という小さな存在が、活発に動き回る昆虫を殺し、それがキノコという目に見える形となって出現する様はグロテスクではあるけれど大変魅力的で、僕が昆虫とともに長く観察をつづけているもののひとつだ。冬虫夏草と聞くと深山幽谷にひっそり生えるイメージをもつかも知れないが、実際は里山環境に発生する種も多く意外に身近な存在である。

一般に冬虫夏草という名が知られるのは薬としてかもしれない。漢方で用いられる「冬虫夏草」は、シネンシストウチュウカソウという冬虫夏草菌の中の一種を指していて、チベット高原に生息するコウモリガの一種の幼虫から発生する。日本の冬虫夏草は400種ほどが知られていて、種ごとにとりつく昆虫の種類が決まっている。たとえばセミタケはニイニイ

冬虫夏草の世界にも**日本冬虫夏草の会**という学会があります。プロの研究者やアマチュア愛好家の集まりで、会誌を発行し、年一回の「虫草祭」という総会と観察会を開催しています。

ゼミの幼虫に、クモタケはキシノウエトタテグモに、ヤンマタケはミルンヤンマやノシメトンボなどのトンボ類にという具合に決まった相手を宿主としている。

イモムシにとりつく冬虫夏草にはイモムシタケ（宿主はトビイロスズメ）、シャクトリムシハリセンボン（シャクガ科の幼虫）ハトジムシハリタケ（ヒゲガナガ科やマガリガ科の小型幼虫）、アシブトイモムシタケ（樹木内のコウモリガ）のほか、イモムシハナヤスリタケ、ヤセナガハナヤスリタケ、トサカイモムシタケなどが、また各種の蛹（さなぎ）から生えるサナギタケやハナサナギタケ、成虫から生じるガヤドリナガミノツブタケなどが知られている。

ウイルスや菌類のほとんどは肉眼で見えない小さな存在だが、これらもまたイモムシにとって大きな天敵になっている。

ブナ林

イモムシ、冬虫夏草、ブナの森

ブナアオシャチホコ（シャチホコガ科）というイモムシがいる。ブナ、イヌブナを食草とし、とくに北日本のブナ純林に多い。8～11年

幼虫

成虫

ブナアオシャチホコ

周期で大発生を繰り返すことが知られていて、少ない年には1平方メートルあたり0・017匹という生息密度だが、大発生時には同116匹という超高密度にまで増加し、しばしばブナ林が丸裸になってしまう。このダイナミックな個体数変動には、冬虫夏草の一種サナギタケが大きな役割を担っているとされる。[62]

この研究によると、大発生時には天敵全般の活動が活発化するという。通常は落とし穴式トラップに入らないクロカタビロオサムシがとれるようになったり、鳥のカラ類の獲物メニューの4分の3がブナアオシャチホコで占められるようになり、寄生性のカイコノクロウジバエ、ブランコヤドリバエ、ヒメコバチ科の一種も増加する。ブナも防御反応を見せ、翌年の葉の窒素量を低下させタンニン量を増加させる。ブナアオシャチホコがこの葉を食べると死亡率が高くなって体サイズが小型化し、小型化した成虫は産卵数が減少するので個体数の減少につながる。

そして大発生に対して最も重要な役割を果たしているのが冬虫夏草のサナギタケと考えられている。サナギタケは胞子を散布して、蛹化(ようか)のために地上に降りてくるブナアオシャチホコの幼虫および地中の蛹(さなぎ)に感

ブナアオシャチホコの大発生は8〜11年周期とされているので、単純に予想すると2013年の次の大発生は2021〜2024年頃のはずです。地域により異なる可能性もありますが、次回こそ始終を見届けたいなあと思っています。

染して殺し、それを栄養分にして翌年に子実体を形成するというサイクルになっている。

蛹を土中に埋めこむ実験では、個体数密度がピークに達した１９９３年には約95パーセントがサナギタケに感染して死亡し、密度が減少した翌１９９４年でも約90パーセントが、２年後の１９９５年でも約75パーセントが死亡したという。サナギタケは、ブナアオシャチホコの個体数を劇的に減らす重要な天敵であり、大発生から３年経過してもその高い効果を維持していることがわかったのだ。そして大発生の翌年には、林床にサナギタケの子実体が大量に出現することになる。

イモムシファンであるとともに冬虫夏草ファンでもある僕は、このブナアオシャチホコ大発生と、その後に起こるサナギタケの大発生をぜひ見たいと思っていた。２０１３年に福島県などでブナアオシャチホコが大発生したのだが、残念ながら知るのが遅く虫の発生には立ち会うことができなかった。

翌２０１４年、たくさん発生するはずのサナギタケを求めて現地に行った。件のブナ林でサナギタケはたしかに大量に発生していた。冬虫夏草は通常、一箇所にたくさん生えるという発生の仕方をしない。普通種であっても1日に10本も見つければ多い方といえる。ところが、ブナアオシャチホコが大発生したブナ林では歩けども歩けどもサナギタケが生えつづけていた。全部をカウントすることはできなかったので、ためしに山道沿いのサナギタケを数えたが、25メートル歩く間にサナギタケを39本見つけた。林全体ではどのくらいのサナギタ

ブナアオシャチホコ蛹から
発生するサナギタケ

ケが発生しているのか想像もつかなかった。
一方、ブナアオシャチホコ自体は少し見つか
っただけで、すでに大発生は終結していた。
　この章ではイモムシとイモムシをとりまく
生物の関係を見てきた。イモムシは自然界で
単独で存在していない。植物とは化学的な攻
防を繰り広げ、天敵生物とは文字通り生死を
かけたやりとりをし、またそれぞれの生物は
また別の生物とかかわりながら変動している。
葉の上でのんびりしているように見えるイモ
ムシの背景には、ダイナミックに変動する複
雑な生物のネットワークがある。

第6章

イモムシを観察する

観察しやすいのはいつ？　どこ？

実際に野外に出てイモムシを観察する場合、いつ、どこに行けばいいだろうか。基本的にはいつ、どこであっても、植物さえあれば何かしらのイモムシはいるはずだが、より多くのイモムシに出会いやすい時期や環境の条件について考えてみよう。

時期はどうだろうか。春夏秋冬それぞれにイモムシは見られる。春にはシャクガやヤガ、初夏にはシャチホコガやドクガ、夏は大型のスズメガやヤママユガ、秋は秋にだけ発生する種や年二回発生する種の二回目、冬には幼虫越冬する種という具合にイモムシ相は移り変わり、それぞれの季節なりのイモムシウォッチングが楽しめる。ただ一般に植物が若葉を広げる季節が幼虫期となるような周年経過になっている種が多い傾向にある。だから、より多くのイモムシに会える可能性のあるベストシーズンは、日本では春から初夏にかけてといえる。

では多くの種類のイモムシに出会えるのはどのような環境だろうか。イモムシはそれぞれ特定の植物しか食べない。だから仮に植物が1種しか生えていない環境であれば、それを食草とするごく限られたイモムシしか見られない。逆に多くの種類の植物がある環境ならば、それだけさまざまなイモムシに出会える可能性がある。多様な植物が生育する環境とは、身近な例では集落、田畑、雑木林など多様な環境がパッチ状に組み合わさった里山とよばれる

冬もイモムシウォッチングすることができます。幼虫越冬する種を探すのです。クワエダシャクやコムラサキのように樹上で越冬するもの、ヒゲナガガ類やオオムラサキのように地中や地上の落ち葉で越冬するものなどがいます。

イモムシ観察会（写真：四方圭一郎）

環境だろう。温帯地域の雑木林はコナラやクヌギなどのブナ科植物が優先し、ノイバラやサクラ類などのバラ科、フジ、クズ、ハギ類などのマメ科植物も見られる。第3章で見たようにイモムシが好む植物ベスト3がこれらの科だったことを思い出せば、このような雑木林を含む里山環境というのはイモムシ好みの植物がコンパクトにまとまっていて、観察に最適な環境だということがわかる。

観察のしやすさも大事なポイントになる。同じ森林を歩くなら中心部よりも林縁部のコースがいい。森の中に入ってしまうと木々の葉が目や手の届かない高所にあり観察がしにくいからだ。その点、林縁を通る林道などは木々の枝葉が比較的低い位置にあるので観察がしやすく、また林内には生えない明るさを好む植物も加わって種類が増えるので一石二鳥だ。林に隣接する畑や田んぼ、集落の民家の生垣や庭木なども観察することができれば、見つかるイモムシの種類はさらに増えていく。

そういうわけでいろいろなイモムシに出会える身近な観察コースといえば、春から初夏にかけての雑木林を中心とする里山環境だといえる。

初夏の里山環境

　実際、イモムシの観察会はこの時期と環境で計画することが多い。長野県南部の雑木林で5月に行ったある観察会では、20人ほどの参加者と3時間ほど歩いたが、その間に見つかったイモムシは43種にのぼった。歩いた距離を測ってみたところ、わずか300メートルほどだったことがわかった。コース沿いの木を一本ずつ探索し、次々に違うイモムシが見つかるので、そのたびに立ち止まって観察し……とやっていて、とてもゆっくりした進み方になったのだった。

　ただ最近気になっていることもある。イモムシ黄金コースであるはずの里山環境で、観察できるイモムシの種類や数が減少傾向にあるのではないかということだ。個人的な観察での感触もそうだし、この数年後に行った同コースの観察会でも見つかったイモムシは29

初めて開催した**イモムシ観察会**で印象的だった話。ある参加者いわく「今までこんな風に『このイモムシかわいいですよね』なんて話せる人と初めて出会えたことがうれしいです。」イモムシ好きが実はたくさんいるということを僕もこのとき初めて知りました。

観察会で見られたイモムシの例

ウラゴマダラシジミ	トンボエダシャク	マイマイガ
ウラナミアカシジミ	ウメエダシャク	ドクガ
クロミドリシジミ	ヨモギエダシャク	ヒトリガ
テングチョウ	チャバネフユエダシャク	クワゴマダラヒトリ
ヒオドシチョウ	シロトゲエダシャク	サラサリンガ
コチャバネセセリ	オカモトトゲエダシャク	キンイロエグリバ
チャミノガ	クワトゲエダシャク	キシタバ
ニトベミノガ	チャエダシャク	フクラスズメ
ツマグロフトメイガ	ニトベエダシャク	キバラモクメキリガ
クヌギカレハ	ハスオビエダシャク	シラオビキリガ
オビカレハ	クロモンキリバエダシャク	シロヘリキリガ
ヒメヤママユ	ヒロバツバメアオシャク	アカバキリガ
イボタガ	セグロシャチホコ	スモモキリガ
マユミトガリバ	オオトビモンシャチホコ	
サカハチトガリバ	モンシロドクガ	

(2014年5月18日、長野県南部)

種にとどまり個体数も少なかった。実際にそのような状況にあるのか、事実なら何が原因なのかをていねいに調べなければならないが、なかなか歩き進めないほどイモムシあふれる状態がこれからもつづいてほしいと願っている。

特定のイモムシを探すには

図鑑で調べたり写真を見たりして「このかっこいいイモムシの実物を自分の目で見てみたい」と思ったことはないだろうか。特定のイモムシを探すには、事前にその種についての情報を調べ、できるだけ範囲を絞って探索することが必要になる。

もっとも重要な情報は食草植物についてだ。イモムシを探すということは植物を探すことに他ならない。その植物の生育環境を調べ、具体的な探索場所をイメージし、また野外でその植物を識別できるように特徴を把握しておく。

　出現期も重要な情報だが、多くの図鑑では成虫の発生時期について書かれていても幼虫については触れられていないことが多いので類推する必要がある。たとえば成虫について「春に年1回」とあれば、「春後半に産卵するだろうから幼虫は初夏ころで蛹(さなぎ)越冬かな」とか、近縁種の情報を参考にして「同属種は夏に終齢幼虫を見るから、この種も同じ頃だろう」などと予想して探索に適した時期を決める。

　種の分布や生息環境などについても確認しておきたい。分布圏内なのに見つからない場合は、山地性とか草原性とかといった環境の条件がずれているのかもしれない。たとえば僕が日常歩いている長野県のフィールドでは山地性や寒冷地性とされるような種は普通に見られるが、逆に平地性や暖地性の種は少ないといったことがある。

　現代ではインターネット上の情報も重要な手がかりとなる。種名をキーワードに検察してみると多くの種で観察した記録などが見つかるだろう。同好者のブログやツイッター、フェイスブックなどをチェックしていると、現在どんな種が出現しているのかなどの情報を知ることができる。写真がアップされていれば、食草の種類や生息環境、自然状態でどのように見えるのかなどのヒントも読み取れる。同定の正確性などについて吟味は必要だが、リアルタイムに近い具体的な情報を得ることができる。

それほどまめにではありませんが僕もブログ、ツイッターなどでイモムシを含む生物観察情報を発信しています。ブログ「自然観察な日々」<https://ikkaku24.exblog.jp>、ツイッター <@yasudamam>。

ライトトラップ

これらの情報から予想を立てたら実際にフィールドに出て探索する。発見難易度の高い種ではそれでもなかなか見つからず、何度もチャレンジを繰り返すことになる。採集力に秀でた虫屋にはいくつか共通点があるように思うのだが、その一つに「あきらめがとても悪い」点があげられる。ガの鬼と呼ばれる中島秀雄さんもまさにそうで、幼虫の探索についてはこんな風におっしゃっている。

「1時間とか2時間とか探して見つからないと、あきらめ顔になっちゃうじゃないですか。ああ、だめかって。だけど、絶対いるという気持ちでね……やっぱり1頭目ですよ。1頭目が見えたときのね、あれは幼虫屋の喜びですよね。目ができるっていうのは大きいからね。1頭とったら、もう次から次へと本当に見つかるんですよね。」

最初の1匹が見つかるまであきらめない根気強さとそれを支える熱意こそが、イモムシを見つける最大のコツなのかもしれない。

未見のイモムシへのアプローチには別の方法もある。成虫から採卵し、目的の幼虫まで育てる採卵法だ。そのためにはまず成虫を採集する。チョウは昼間にルッキングで、ガは灯火まわりやライトトラップによりメスを採集し、生かしたまま連れ帰って採卵する（野外個体は発見時に交

カラスシジミとハルニレの
食痕

尾済であることが多い)。三角紙の中で簡単に産卵するものから、特定の条件が整わないと産卵しないものがあり、チョウでは採卵方法が確立されているものがあるのでそれを参考に工夫する。卵が確保できたらふ化予定日前に食草を準備しておき、とくに若齢時にはていねいに世話をし、終齢まで育てる。成虫↓卵↓幼虫と、飼育の手間と時間のかかる方法ではあるが、幼虫そのものを探すのが難しい種については大変有効な方法といえる。実際、幼虫が未知の種の解明においては、この採卵法によって明らかになったものが多い。

イモムシサインからたどる

第4章で紹介したようにイモムシは巧妙にまぎれたり、かくれているものが多い。そん

食痕や糞よりも前にイモムシの姿そのものがパッと目に入ることもあります。そのイモムシの姿が頭の中にちゃんと入っているときにとくにそうなります。中島さんがおっしゃるように「まず最初の一匹を見つけられるかどうか」が大きいと思います。

食痕

テングチョウ(エノキ)
ルリタテハ(ヤマガシウ)
クロヒカゲ(ササ)
ヒメキマダラヒカゲ若齢(ササ)
チャバネフユエダシャク(クヌギ)
クスサン(クリ)
トビイロスズメ(クズ)
コフキゾウムシ(クズ)
ビロードコガネ(コナラ)
ヤマトハキリバチ(アブラチャン)

な場合はイモムシサインを手がかりにする。食痕や糞、巣など、イモムシが残す痕跡のことを僕はそう呼んでいる。遠回りに思えるかも知れないが、一般にイモムシ本体よりも食べ跡や巣の方が大きくて見つけやすいし、イモムシがいる下の地面には必ず糞が落ちている。

イモムシサインで最も重要なのは葉の食痕だ。たとえば写真のカラスシジミ（シジミチョウ科）は1センチほどと小さく見つけるのはなかなか大変。そこで食草のハルニレの下に立って葉を透かすように見上げ、まず食痕を探す。食べ跡が見つかったら、そこを中心に範囲を広げながらイモムシの姿を探す。多くの葉が無傷な若葉の季節にとくに有効な探索方法だ。

ただ季節が進むほど葉には食痕が増えてくるので、食痕の種類や状態を識別することが必要になってくる。葉食性昆虫はイモムシの他にもハムシやコガネムシなどたくさんいるからだ。イモムシはより大きくきれいに食べる印象があり、とくに大型種では葉縁から弧を描くように食べ進むものが多い。それに対して甲虫類では不規則に穴あき状に食べたり、切り口がギザギザになるものが多い。食痕ではないが、オトシブミの揺籃作成痕やハキリバチの葉片切り取り痕などもまぎらわしい。また食痕の鮮度の判定ができると探索精度はさらに上がる。縁が褐色に変色している食痕は食べてから時間が経っているし、縁が緑色のままであれば新しい食痕である可能性が高い。

イモムシによる新しい食痕が見つかったら、その周辺をじっくり探そう。食痕のある葉の表と裏、元の枝、その周辺の葉……と探索範囲を広げていく。見つからなかったらまた次の

イモムシを飼育していると必ず糞が出ます。これを捨てずにとっておくと、種による形や大きさの違いがわかります。糞コレクションといっても難しくはありません。よく乾燥させて、フィルムケースなど個別の容器に入れておくだけです。

樹幹で見つかるイモムシ

有望な食痕探しから始める。これを繰り返していくとやがてイモムシにたどり着く。

種によっては葉から大きく離れたところに静止していることもある。たとえばヤガ科のシタバガ類やシジミチョウ科のクロミドリシジミなどは、昼間は枝どころか幹の根元近くまで降りている場合がある。習性を知らなければ見つけられないので、特定の種を探索する方法で書いたように事前に情報を知っているかどうかがカギになる。

糞も探索の有力なサインとなる場合がある。イモムシの糞でもっとも多いのは俵型で、ヤママユやスズメガなど大型種に多く、横断面が菊の花のようにいくつかにくびれた形をしている。おそらく糞が通ってくる腸の断面形を反映しているのだろうが特徴的な形だ。アゲハやイラガでは変わっていて、片面が凸、もう片面が凹、全体としてお椀の形をしている。ちなみにこの形が不思議で排出されるところを観察したら、凹面が外になるように押し出されていることがわかり、ますますどのようなしくみになっているのかわからないままでいる。これら糞の形状を頭に入れておくと、その存在に気づ

糞

きやすくなる。草の茂った土の地面に落ちた小さな糞はさすがに見つけにくいが、大型種の糞や集合性のある種の大量の糞、アスファルト道路上に落ちた糞、枝に棚状に張られたクモの網に引っかかった糞などは目立つので発見しやすい。糞の新旧については見た目通りで判断がつき、乾いたものや褐色のものは古く、湿り気のあるものや緑色がかったものは新しい。つやつやした緑色が残る新鮮な糞を見つけたら、その上の植物をていねいに探す。そこに排出の主のイモムシが見つかるはずだ。

造巣性のイモムシの探索では巣が手がかりになる。

ハマキガ科、ツトガ科、メイガ科などでは、1枚の葉や葉の一部、ときに複数枚の葉をつづりあわせた巣をつくる。セセリチョウ科の

科ごとの種数の多さを調べると、第1位ヤガ科、第2位シャクガ科ですが、これらにつづくのがハマキガ科、ツトガ科で、どちらも葉を巻く習性が多く見られるグループです。本書ではあまり紹介できていませんが、**葉を巻くイモムシ**はとても多いのです。

巣

アオバセセリ
ダイミョウセセリ
イチモンジセセリ
アカタテハ
ゴマダラノコメキバガ
クワヒメハマキ
ヨモギキリガ
ミヤマセセリ越冬巣
ミヤマシロチョウ
サラサリンガ

蓑をつくるイモムシ

多くも巣をつくり、種によって利用する植物と巣のつくりが違う。アオバセセリはアワブキなどの葉の一部に切り込みを入れ、綴じ合わせた巣をつくるが、縁に沿って覗き穴とも呼ばれる小さな丸い穴が開けられているのが特徴だ。ゴマダラノコメキバガも葉の一部を折り返した巣を作り、小さな丸い穴をザルのようにたくさん開ける。サラサリンガやミヤマシロチョウなどでは枝や幹に糸製の大きなドーム状巣をつくり集団で潜む習性がある。これら特徴的な巣の場合は、植物の種類と巣の形状だけでも種がわかる。

ただし巣があるからといって中にイモムシがいるかどうかはわからない。次々に新しい巣をつくっていくイモムシもいるので、たくさん巣があっても、実際は1匹のしわざでほとんどは空ということもある。巣を開けたと

ミズメイガ類（ツトガ科ミズメイガ亜科）は水辺に適応したグループで、上のマダラミズメイガは水生植物のジュンサイなどを食草としています。中には短い鰓が発達して水中生活が可能になった種も知られています。

たんに身をくねらせて落下する習性のものもいるので、念のため巣を開く前に捕虫網やビニール袋などで受けておくといい。

また移動性の巣ともいえるのが蓑（みの）だ。目にとまりやすいミノガ科では、オオミノガは大型で紡錘形、チャミノガは細枝が縦に並べられた円筒形、ニトベミノガでは大きな葉片が大量についているといった具合に種によって特徴的な蓑がつくられる。他にも丸く切り抜いた葉片を貼り合わせたマガリガ科の蓑、三日月型の葉片を貼り合わせた細長い形のヒゲナガガ科の蓑、水辺で水草をつづりあわせたミズメイガ類の蓑などもある。

発見して採集する

ここまで主に解説してきた採集方法はルッキング（見つけ採り）といわれるものだが、幼虫を専門とする人たちはビーティングネット（叩き網）という道具も使う。十字に組み合わせた骨組みに四角い白布を張った網を植物の下にセットし、棒で枝を叩き虫を落とす。この方法の魅力は、ルッキングでは見えなかったイモムシ（他の虫も一緒に落ちる）がとれることにあり、小型種や若齢幼虫に対して、また特定の植物を食草とする種を狙う場合にとくに有効だ。ただし刺激を受けると枝葉に強くしがみつくタイプの種には効かない。自然な状態を観察したいとか、生態写真を撮影したいというときには、まず目で探し、それから叩き網

剪定ばさみとビニール袋

叩き網(ビーティングネット)

高枝用カッター付きネット

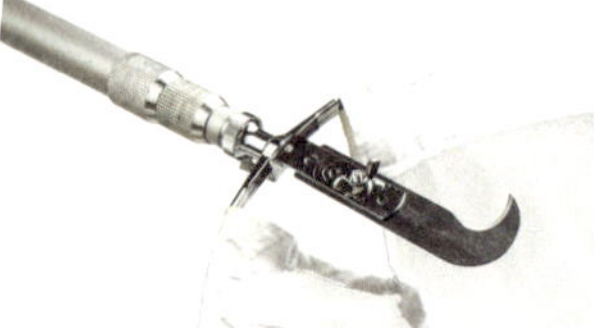

捕虫網にフック刃をつける

イモムシ採集用具

でと組み合わせるといい。

イモムシを見つけたら、日付、場所、植物などの情報を記録し採集する。採集はイモムシを直接つかまず、剪定ばさみなどを使い植物ごと採る。柔らかいイモムシの体を傷つけずにすみ、有毒種に触れる心配もなく、飼育する際に大切な植物サンプルもあわせて採取することができる。

高所の採集に便利な道具が高枝用カッター付きネットだ。[63] 最近発表されたＤＩＹ道具で、捕虫網(クランク状に曲げた穴あき金属板を自作し柄に付ける)の先端にフック型のカッター刃をネジ止めする。イモムシがいる葉の根元をこの刃で引っ掛けるようにして切断すると、葉ごとネット内に入るので安全に採集できるというしくみになっている。もちろんフィールドでの運搬の労力をいとわないなら

高枝切りばさみはいざというときの強力な道具なので車に積んでおきますが、何せ長いので持ち歩くのは大変です。「高枝用カッター付きネット」のアイディアを知ったときには「頭いい!」と感嘆しました。

専用の高枝切りばさみを持ち歩いてもいいのだが、それを捕虫網プラスアルファによって代用できる手軽さがこのアイディアの素晴らしさだと思う。

運搬用の容器は、僕はビニール袋（200×300ミリのサイズが使いやすい）を使っている。イモムシを植物ごとおさめた個別のビニール袋は、大きめのレジ袋にふんわりと入れていき、ザックにぶら下げて携行すると、両手が空いて活動の邪魔にならない。このビニール袋＋レジ袋法は手軽なのが最大の利点だが、直射日光で熱くならないよう、またザックをおろしたときに袋をつぶさないよう気を使う必要がある。食品用タッパー容器や、丸箱と呼ばれるプラスチック製シャーレ（志賀昆虫製）などでももちろんかまわないのだが、あらかじめ多数の容器を持ち歩かなくてはならない。

自宅に持ち帰ったら、袋を一つずつ開けて状態を確認し、記録をつけ、飼育ケースに移して飼育体制に移行する。長期採集旅行の場合には宿でその日の分を同じように整理しておく。

種名を調べる

イモムシを「正体不明な緑色のイモムシ」のまま見る場合と、「このイモムシはヒメジャノメというチョウの幼虫で、ススキなどイネ科植物を食べ、頭に三角形の突起があって正面から見ると、ほら、ネコみたいじゃないですか？」などという話を聞きながら見る場合では、その面白さはずいぶん違う。見た目に地味だったとしても、詳しい人から「これは大変珍しい○○という種類で僕も実際に見るのは初めてですよ」などと聞けば、かっこよく見えてくるもの。イモムシを知るための入り口が名前（種名）だ。種の同定ができると、成虫の姿、食草、分類上の位置、分布、周年経過など、見ているだけではわからない様々な背景を知ることができる。

イモムシを採集したら、体の特徴を調べ、後に紹介する図鑑などの図版、記述と照らしあわせる。体長、体型、腹脚（ふくきゃく）の数と配置、目立つ突起や刺毛の有無などが識別点になる。配色や条線、斑紋も大事だが、変異があるので注意が必要だ。似ているものが見つかったら体の特徴以外の項目（食草、出現期、分布など）も当てはまるか確認する。

最初のうちは図鑑のどこを開けばいいのかわからないかもしれないが、何度も調べているうちに「シャクトリムシっぽい動きだからシャクガ科を調べてみよう」とか「大きくてお尻に突起があるからスズメガ科だな」とか「いかにもイモムシな姿だからシャチホコガ科とヤガ科を調べてみよう」などと見当がつくようになってくるものだ。主な科の特徴を次の見開きページで紹介しているので参考にしていただきたい。

イモムシの同定は実際かなり難しい場合がある。よく似た近縁種との識別点が微妙で判断しにくかったり、幼虫では識別できない場合もある。専門的な記載論文には刺毛の数や配列といった微細な特徴が記述されているが、アマチュアにはハードルが高いので、肉眼、ルー

ヤガ科のヨトウガ類などよく似たものが多いグループになると識別が難しいですが、それでも多くは色や形などのマクロな見た目でそれなりに調べがつくのだから、イモムシは完全変態昆虫の中で断然識別しやすい幼虫だといえるでしょう。

ぺ、写真等を用いて図鑑の範囲で調べるのが一般的だと思う。

図鑑に該当するものが見つからない場合はいくつかの可能性が考えられる。もしかするとイモムシに似た別グループの幼虫、イモムシモドキ（32ページ）なのかもしれない。脚の数、配列などから識別する。見つけたのが若齢幼虫で、図鑑で主に記述されている終齢幼虫の特徴と一致しないからかもしれない。色や斑紋の変異が大きな種では、そのパターンが網羅されていないからかもしれない。該当種がそもそも掲載されていない可能性もある。日本産全種の幼虫が掲載された図鑑は出版されておらず、そもそもガ類では幼虫未発見の種がまだ大量に残っている状況にある。逆に言えば未知のイモムシを発見できる可能性もあるので次節を参考に飼育しよう。

同定の際の主な参考文献には以下のものがある。

チョウ類では幼虫の生態がかなり判明していて、『日本産幼虫図鑑』[9] のチョウ類の項や『原色日本蝶類生態図鑑』[64]によって調べることができる。

ガ類では幼虫そのものの図鑑は限られている。『日本産蛾類生態図鑑』[18] は大蛾類を中心に９７４種が図版つきで紹介されているが、残念ながら絶版で入手が難しい。『日本の鱗翅類』[4]は、全体の解説とともに９９２種が図版つきで紹介されていて、小蛾類を多く扱っているのが特徴だ。『原色日本蛾類幼虫図鑑』[65]はやや古い図鑑だが、種ごとの記述が詳細で掲載種数は上巻１９３種、下巻２７２種あわせて４６５種ある。最近出版された『小学館の図鑑 NEO

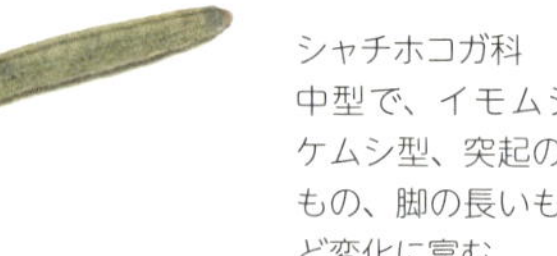

セセリチョウ科
大きい頭部と体の間がくびれる、葉を巻いたりつづったりする習性

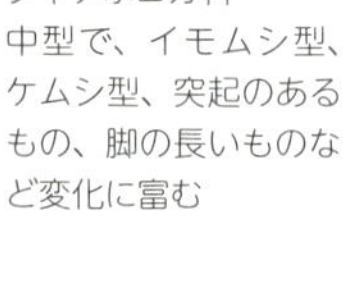

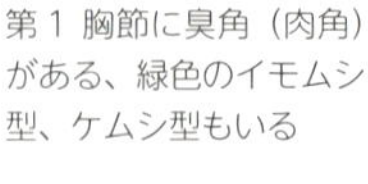

アゲハチョウ科
第1胸節に臭角（肉角）がある、緑色のイモムシ型、ケムシ型もいる

シロチョウ科
緑色で突起のない円筒形の青虫型

シジミチョウ科
小型のワラジ型、背面にアリが好む物質を出す器官をもつ

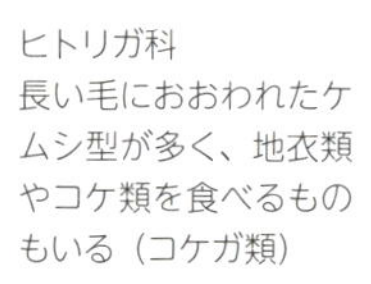

タテハチョウ科
トゲや突起をもつもの（タテハチョウ類）、ナメクジ型で尾端に二叉する突起があるもの（ジャノメチョウ類）、派手で糸状突起のあるもの（マダラチョウ類）がいる

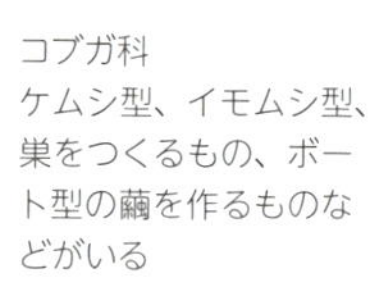

カギバガ科
イモムシ型（トガリバ類）、尾部が突起状に伸びるもの（カギバガ類）がいる

アゲハモドキガ科
白色のロウ物質を分泌する

シャクガ科
細長い体型、第3～5腹脚が消失、尺をとるように歩く

シャチホコガ科
中型で、イモムシ型、ケムシ型、突起のあるもの、脚の長いものなど変化に富む

ドクガ科
長短の毛をもつケムシ型、派手な体色が多く、一部は毒針毛をもつ

ヒトリガ科
長い毛におおわれたケムシ型が多く、地衣類やコケ類を食べるものもいる（コケガ類）

コブガ科
ケムシ型、イモムシ型、巣をつくるもの、ボート型の繭を作るものなどがいる

ヤガ科
最大の科、多くはイモムシ型だが、毛のあるケムシ型、腹脚が一部消失するもの、巣をつくるものなどさまざま

主な科の特徴

コウモリガ科
円筒形で胴部乳白色、土中や植物内に坑道をつくる

ヒゲナガガ科
小型、枯れ葉の蓑をつくり枯葉を食べる

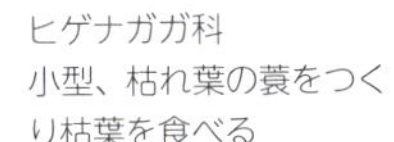

ミノガ科
円柱形や紡錘形などの蓑をつくる

キバガ科
細長いイモムシ型、葉を巻くもの、葉、茎、果実に潜るものなど

セミヤドリガ科
ロウでおおわれるウジムシ状、セミ、ハゴロモに寄生する

イラガ科
小型でナマコ型やナメクジ型、鮮やかな体色、肉質突起や毒棘を持つものがいる

マダラガ科
小型でナマコ型、派手な体色、体内毒や毒針毛をもつものがいる

スカシバガ科
胴部は乳白色、主に木の幹、茎、根に潜り込む

ハマキガ科
細長い体型、葉を巻いたりつづったりが多い、芽や果実に潜り込むものも

メイガ科
細長い円筒形、巣をつくり葉を食べるもの、ハチの巣食、貯穀害虫など様々

ツトガ科
細長い円筒形、淡色や目立たない体色で、茎などに潜り込むもの、葉を巻くものなど

オビガ科
長い毛でおおわれるケムシ型。日本産１種のみ

カレハガ科
比較的大型、全体に長短の毛があるケムシ型、毒針毛をもつものがいる

カイコガ科
イモムシ型で尾部に突起、蛹化のときにしっかりした繭をつくる

ヤママユガ科
大型で太い体型、蛹化前にしっかりした繭をつくる

イボタガ科
イモムシ型、途中までは長い突起がある

スズメガ科
大型のイモムシ型、尾端に目立つ肉質突起（尾角）をもつ

イモムシとケムシ』[66]は子ども向けながらチョウ、ガあわせて約1100種が紹介されている。成虫の図鑑では、チョウ類は『フィールドガイド日本のチョウ』[12]など全種を網羅したものがいくつも出版されている。ガ類は『日本産蛾(が)類標準図鑑』[15]（全4巻）が刊行され新しいスタンダードになっている。分類、分布、周年経過、近縁種の存在などについて知ることができ、また幼虫探索で重要な食草についてや一部幼虫について触れている種もある。

図鑑以外では学会誌や地方の昆虫同好会誌などが重要な資料となる。日本蛾類学会の「蛾類通信」、誘蛾会の「誘蛾燈」、鱗翅学会の「蝶と蛾」などには「○○の幼虫について」などという報文が掲載され、最近の成果を知ることができる。

インターネット上にも情報源がある。CiNii（サイニィ、NII学術情報ナビゲータ）[67]は国立情報学研究所が運営する学術情報のデータベースサービスで、学術論文、図書、雑誌を検索することができる。神保宇嗣さんの「List-MJ 日本産蛾類総目録」[29]は最新情報を『日本産蛾類標準図鑑』に準拠した体系と種名で更新した目録として公開されている。その他「みんなで作る日本産蛾類図鑑」[68]や「幼虫図鑑」[69]といったガ、幼虫についての図鑑サイトや、先に紹介したように個人の同好者が運営するブログ、ツイッター、フェイスブックなども情報を得たり、交流したりする場になっている。

昆虫用プラケースなど空間が大きな容器で飼育する場合も基本的には同じです。底に古新聞やペーパータオルを敷き、食草は瓶差し（落下防止用に口の隙間をアルミホイルなどでふさぐ）にして入れます。

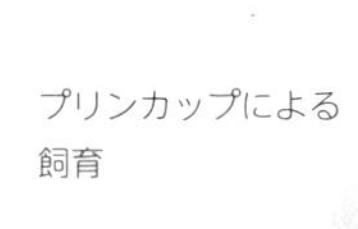
プリンカップによる
飼育

積み重ねると多頭飼育できる

ビニール袋による飼育

飼育例

瓶差しの食草だけの飼育

飼育する

イモムシを深く知るために飼育は欠かせない。図鑑で調べてわからなかったイモムシの正体も、飼育して成虫の姿になればより調べやすくなる。その場でわからなくても成虫なら標本として保存しやすい。育てることで新たな発見が生まれるかもしれない。

飼育の基本は生息環境を再現することにある。大事なのはその種に合った食草を新鮮な状態で与えることで、基本的には野外発見時の植物を与える。強風で落下した状態で発見したなど食草が不明なときには、周辺にあった植物を一通り採集してきて与え判断する。家の近くにない植物は現地で余分に採取し、チャック付きビニール袋などに密閉して冷蔵庫にストックしておく。

飼育容器は、昆虫飼育用のプラケースやタッパー容器が使用できるが、僕はプリンカップとよばれる食品用プラスチックカップを使っている。より安価で軽量、積み重ねもできるので多頭飼育がしやすい。容量はイモムシの大きさに合わせるが「430ミリリットル浅型」というものを基本にしている。底にティッシュペーパーをしき（掃除と湿気調整用）、食草は葉つきの枝を容器に入る大きさに切りそろえ、根元を湿らせた綿（化粧用コットンパフが便利）とアルミホイル（厚手タイプが破れにくくて扱いやすい）で包む。大型種など蒸れやすい場合は蓋に小さい穴をいくつかあけたり、窓状に切り抜いて網を貼っておく。

プラ容器に移しかえる手間がかけられないときなど採集時のビニール袋のままで飼育することもある。柱の間に紐を張り渡し、洗濯バサミでぶら下げるとたくさんの袋をかけられるので多頭飼育向きだが、プラ容器と同じく蒸れには注意が必要だ。事情が許されるなら床に古新聞紙を敷き瓶差しの食草にとまらせるだけでいいし、庭に食草植物が植えてあれば、枝ごと網（洗濯ネットなど）をかければより野外に近い条件で飼育できる。

1日1回は点検し、食草が少なくなったり鮮度が落ちていたら交換し、底のペーパーごと糞をとりのぞき清潔に保つ。水揚げの悪い食草の場合や食欲旺盛な大型幼虫の場合は食草をより頻繁に交換する必要がある。食草の確保は飼育でもっとも苦労することなので多めにストックしておきたい。夜になってから食草切れに気づき、ライト片手に探しに出かけるとい

ビニール袋飼育法は、以前に見たコスタリカの熱帯雨林の昆虫調査の番組で、キャンプ地に張り渡した紐にイモムシ入りビニール袋をずらっとぶら下げて飼育していて、限られたスペースと材料で多頭飼育するお手本だなと思い、参考にしています。

洗濯ネットで羽化　　朽ち木で蛹化　　容器に入れた土中で蛹化

う事態は避けたいものだ。

葉を食べず、糞をしなくなったら脱皮が近いのかもしれない。体の皮膚が張り、古い頭部が前にずれ新しい頭部のふくらみが見えるようなら脱皮前なので、できるだけ動かさずにそっとしておく。終齢幼虫が葉を食べなくなった、体色が鈍く別の色を帯びるようになった、容器内をさかんに歩き回るなどは蛹化の前兆だ。土にもぐって蛹化するタイプでは土（有機物を含まないバーミキュライトなどを使うとカビにくい）を適当に入れる。他に枝に糸をかけてぶらさがるもの、葉を糸でつづりあわせた中でするものなどがいるので、それぞれにあった条件を整える。特殊なものでは朽ち木に掘った穴の中でしか蛹化しない習性のものがいて、その場合には柔らかい朽ち木やバルサ材を入れる必要がある。

無事に蛹化して十分固くなったら容器内の食草やゴミを取り除き羽化の準備をする。小型種の場合は飼育容器の壁や天井でそのまま羽化できるが、大型種の場合は翅を伸ばすスペースがとれるよう、大きめの容器に移し替え、足場として小枝やざらざらした古新聞紙などを適宜入れておく。容器ごと洗濯ネットに入れておく方法もある。

越冬ボックスによる蛹の管理

蛹から羽化までの期間が長い種ではとくに冬場の管理が難しい。基本的には適度な低温で温度変化を小さく、乾燥させず湿気を適度に保つ。手軽なのは冷蔵庫越冬だろう。タッパーなどの密閉容器に湿らせた砂やミズゴケ、綿とともに入れ、ときどき点検し乾いていたら湿り気を補う。より野外に近い状態で管理する方法もある。ギフチョウ愛好家が用いる植木鉢方式が一般的で、屋外の土中に浅く埋めた植木鉢に湿らせた赤玉土を入れ、蛹を並べ、湿らせたミズゴケをかぶせ、上から寒冷紗などの網で覆う方法だ。中島秀雄さんは湿らせた土を入れた植木鉢に蛹をおさめ、冬も窓を開放してある専用の飼育部屋で越冬管理されている。

僕の場合は地中に埋める越冬ボックス方式を用いている。屋外が氷点下になっても凍結

越冬ボックス内の温度を冬前半の12月に測定してみました。外気温は近隣観測所データによると最高10.2／最低－5.3℃で、ボックス内は最高6.5／最低2.0℃でした。温度の変動を小さくする効果はちゃんと出ているようです。

しない、多くの種類を個別に管理できるという条件に合うよう工夫したものだ。まず建物北側の庭に四角い穴を掘り、骨組みとして農業用プラスチックコンテナを入れ、そこに発泡スチロール箱をはめる。蛹は湿らせたバーミキュライトを敷いたプラカップ容器に個別に入れる。それを地中の箱の中に重ねて入れていく。箱に余分なスペースがあれば乾燥と凍結防止目的で水を満たしたペットボトルを入れる。箱の蓋をしっかりとしめ、その上に断熱材スタイロフォーム板と木の板を重ねてかぶせて保護する。過湿になりやすいなどこの方法もまだ決定打とはいえないが、羽化率が向上するように毎年改良を重ねている。

飼育が成功すると成虫があらわれる。僕は種の同定、確認を優先することが多いので、写真を撮影したら酢酸エチルを入れた瓶に移すか容器ごと冷凍してから三角紙におさめ、必要に応じて展翅標本として保存している。

飼育個体の再放逐について質問を受けることがある。注意しなければいけない主な観点は野外生態系への影響である。たとえば庭のイモムシを短期間飼育した後に放すようなケースではそれほど気にする必要はないだろう。遠隔地から採集飼育した場合には屋外に放さないようにするが、どのくらい離れていたらやめたほうがいいかは種の移動能力にもよる。一概には言えないが、博物館学芸員でもある四方(しかた)さんは「人が歩いていける距離であれば大丈夫、それ以上だったらやめておきましょう」と一般の方向けのわかりやすい目安をしめされているので参考にしたい。

スミナガシ

カギシロスジアオシャク

クスサン

アケビコノハ

エビガラスズメ

カシワマイマイ

カギシロスジアオシャク

リンゴドクガ

ヒメジャノメ

ウラギンシジミ

オオヒカゲ

ヒトリガ

シャチホコガ

ヨツメアオシャク

白バック写真と
スタジオ撮影の例

写真を撮る

イモムシを写真の被写体としてみると、適度な大きさがあり、色も形もはっきりして光沢は少なく、動きもゆっくりしているので、昆虫の中では扱いやすいといえる。デジタルカメラやスマートフォンの普及によって写真は身近で手軽になった。観察の記録に、作品づくりに写真を積極的に活用したい。

観察記録用、同定のための資料用とする場合は、できるだけ多くのアングル、部位を撮影しておく。体型、配色、斑紋がわかりやすい背面、腹脚（ふくきゃく）が見える側面、頭部の形状がわかる前面、またホストの植物や生息環境などもあわせて撮影する。

写真は作品として撮る場合もある。葉の上にいるイモムシをそのまま撮ろうとすると、上から見下ろした写真になってしまいがちなので、同じ目線からを基本にするといい。アングルを変えるだけでも違う写真を撮ることができる。前方から撮るとイモムシの魅力的な顔が見えるし、尾部に突起や斑紋があって後ろ姿が特徴的なものもいる。そのイモムシのどこが魅力的なのか考えてみよう。斑紋のクローズアップ、気門の色、特徴的な毛のアップなど、部分を拡大するのも楽しい。逆に広角レンズを使って植物やその周囲まで入れ込んで撮ると、生息する環境も写し込んだ写真になる。また写真は光によって大きく変わる。逆光気味の光

生きもの相手の撮影はみなそうですが、基本的に相手待ちです。イメージ通りの動きにはまずなってくれないし、偽死ポーズのまま数十分も動かなかったり、目を離したすきに逃げ出して部屋中を探索したり、のくり返しです。

は体の輪郭や刺毛の存在をより浮き立たせる。外付けのストロボを使えばより意図的に光を演出することができる。

イモムシは種によって色と形が様々で、動きがユーモラスだったり、顔に表情があるように見えたりで、そのキャラクター的存在感も魅力の一つだと思っている。なので、僕は野外での撮影後、採集して飼育しながらスタジオ撮影するようにしている。生物の白バック写真が一般的になってきて、それぞれに方法が工夫されていると思うが、僕が通常使っているのは以下のシンプルなセットだ。

・撮影台　踏み台や箱馬を二つ並べて板をのせ、背景紙をゆるやかなクランク状に曲がるようにセットする。

・ストロボ　発光面積を広げるソフトボックスを装着したものを1台か2台、ライトスタンド、ブーム、アンブレラホルダーなどを使って好みの位置になるようセットする。カメラとの接続は無線トリガーがあると自由度が高い。

・カメラとマクロレンズ　できるだけ全身に焦点が合うよう絞りを調節し、試し撮りをして適正露出になるようストロボ光量をマニュアル設定して固定し、カメラのホワイトバランスも設定しておく。

必要なときにすぐ撮影できるよう仕事部屋の一角にこのセットが常設してある。スタジオ撮影ではモデルのポージングがもっとも難しい。こちらの指示はまったく聞いてくれないので、自由に動いてもらって、いいポーズになるまで待つしかない。しかしそうやってイモムシとじっくり付き合ってみると、こんな動きをするのかとか、何かのキャラクターのように見えるなとか、野外では気づかなかった姿を発見することができる。『イモムシハンドブック』の白バックの写真はこのようにして撮影したものだ。遠征先の宿で撮影したり、野外で同様の写真を撮ることもあるが、この基本セットをやや簡略化した機材を持ち歩いて、同じように撮影している。

身近にある、遠い自然

僕は写真家になる前、十数年間、高校の理科教員をしていた。最初は地学担当で入ったが、同僚だった盛口満さん（ゲッチョ先生）に「生物も面白いよ」とそそのかされて生物も担当するようになり、生きもの好きの血がよみがえってのめり込んでいった。この学校の授業は教員が自主教材を開発して行っていた。そのため毎週のようにフィールドに出て生物を観察し、盛口さんは絵を描き、僕は写真を撮り、書店で文献を買いあさって授業研究する日々を過ごした。

授業でいい教材となる生物には二つの条件があった。一つは出会いのインパクトがあることだった。自然や生物にとくに興味がない人たち（大多数だ）にとって、美しい風景やかわいい生物というものは意外に弱く、むしろ気持ち悪さや危険性をはらんだ生物の方が導入としては効果的だったように思う。ただし気持ち悪さが授業後もそのままでは教材にならない。もう一つの大事な条件が意外性で、知っていく過程で意外な側面があることに気づくとそこで認識が変わって学びとなる。インパクトと意外性、この二つをもつ生物を探すことが授業準備の柱だったのだ。

イモムシをこの教材観から見直してみると、必要条件をちゃんとそなえていることに気がつく。イモムシには何か無関心のままスルーすることをゆるさない引っかかりのようなものがある。僕がかつてイモムシを敬遠していたのには、体の柔らかさや生っぽさ、有毒性といった、ある種の気持ち悪さを感じていたところがあったのだと思う。ところがいざ実際に観察を始めると、この本で紹介してきたように大変魅力的な世界が広がっていた。新芽擬態のカギシロスジアオシャクに感心し、エイリアンみたいなシャチホコガの姿にびっくりし、毒々しいリンゴドクガの威嚇ポーズに「おーっ」などと言っているうちに、イモムシを「かっこいい」と思うようになった。もっといろいろなイモムシを見たい、イモムシのことをもっと知りたいと思った。イモムシの周囲にいる生きものたちのことも知りたくなった。振り返ってみると、イモムシは僕にとって「自然を学ぶ」授業の強力な教材だったのだ。

教員時代から自然を見るときのヒントとしてきたことばに「身近な自然、遠い自然」がある。写真家の星野道夫さんがたびたび使われていて、[70]人間にとって日常の近くにある自然も遠くにある自然もどちらも大切という意だ。最近、僕はこれを「身近にある、遠い自然」と読みかえるようになった。日常の暮らしで自然や生物に直接触れる機会はますます減る傾向にあって、一方でテレビやインターネットには遠い国の奇跡の大絶景や珍奇な希少生物の映像があふれている。異国の自然は知っていても暮らしのすぐそばの生きものの存在には気づかない。それは本来身近なものであるはずなのに、まるではるか遠くにある自然のようだ。とりわけイモムシは一般に敬遠されがちで、その代表みたいな存在ではないだろうか。現代の都市生活がそういうしくみの上になりたっているから仕方がないという面があるけれど、このバーチャルとリアルがかけ離れた自然認識はもう少し何とかならないものかと思っている。

イモムシを探し、観察して、飼育して、撮影して……を1種ずつ積み重ね、『イモムシハンドブック』で666種を紹介するのにざっと10年がかかった。計算上、残りの人生で日本産全種をクリアすることはすでに不可能だが、この先もマイ・イモムシコレクションを増やしていくつもりだ。

リアルの自然はイモムシのような小さな細部が無数に絡み合った複雑な世界で、そこに一歩ずつ分け入ることでしか理解することはできない。だから僕は今日もフィールドに出て葉っぱの上のイモムシを探そう、そう思っている。

最後になってしまったが、四方圭一郎さんには日頃よりガから生物全般について教えていただき、本書の内容についてご指摘をいただいた。中島秀雄さんには折にふれ幼虫についてご教示いただき、またカバシタムクゲエダシャクについて貴重なインタビューをさせていただいた。どうもありがとうございました。

2019年4月

安田 守

参考文献

(1) 安田守著、高橋真弓、中島秀雄、四方圭一郎監修：イモムシハンドブック①–③：文一総合出版、2010–2014.
(2) 巌佐庸、倉谷滋、斎藤成也、塚谷裕一編：岩波生物学辞典、第5版、岩波書店、2192p., 2013.
(3) 松村明編：大辞林：第三版、三省堂、2976p., 2006.
(4) 駒井古実、吉安裕、那須義次、斉藤寿久編：日本の鱗翅類 系統と多様性：東海大学出版会、1328p., 2011.
(5) 日本国語大辞典第二版編集委員会、小学館国語辞典編集部編：日本国語大辞典、第2版、第1巻、小学館、1446p., 2000.
(6) 寺島良安著、島田勇雄、竹島淳夫、樋口元巳訳：和漢三才図会7（東洋文庫）：平凡社、458p., 1987.
(7) 鵜飼保雄、大澤良編：品種改良の世界史 作物編：悠書館、520p., 2010.
(8) Hashimoto, S. A taxonomic study of the family Micropterigidae (Lepidoptera, Micropterigoidea) of Japan, with the phylogenetic relationships among the Northern Hemisphere genera. Bull. Kitakyushu Mus. Nat. Hist. Hum. Hist., Ser. A, 4, 39–109, 2006.
(9) 日本産幼虫図鑑：学習研究社、336p., 2005.
(10) 三枝豊：「ミノ」が進化させた交尾様式 — ミノガ：保田淑郎、広渡俊哉、石井実編：小蛾類の生物学：文教出版、74–81, 1998.
(11) Scoble M. J. The structure and affinities of the Hedyloidea: a new concept of the butterflies.

Bulletin of The British Museum（Natural History）Entomology, 53, 251-286, 1986.
(12) 日本チョウ類保全協会編：フィールドガイド日本のチョウ．誠文堂新光社，328p., 2012.
(13) 四方圭一郎：2011，冬ヤガ雑話 春キリガ編．やどりが，228, 8-14. 2011.
(14) 中島秀雄：冬尺蛾．築地書館，221p., 1986.
(15) 岸田泰則ほか編：日本産蛾類標準図鑑Ⅰ-Ⅳ．学習研究社，2011-2013.
(16) 中島秀雄：カバシタムクゲエダシャクの新産地．蛾類通信，282, 177, 2017.
(17) 中島秀雄，阪本優介，松井悠樹，中秀司：カバシタムクゲエダシャクの幼生期．Tinea, 23(6), 281-290, 2017.
(18) 杉繁郎，中臣謙太郎，中島秀雄，山本光人，佐藤力夫，大和田守：日本産蛾類生態図鑑．講談社，454p, 1987.
(19) 今野浩太郎：植物の化学防御を打破して食べるチョウ幼虫．昆虫と自然，34（6），14-18, 1999.
(20) Konno K. et al. Mulberry latex rich in antidiabetic sugar-mimic alkaloids forces dieting on caterpillars. Proc. Natl. Acad. Sci. U. S. A., 103（5），1337-1341, 2006.
(21) 小野寺賢介，原秀穂：アジア系統マイマイガ北海道個体群幼虫の餌としての植物各種の適合性．北海道林業試験場研究報告，48, 47-54, 2011.
(22) 大串隆之：昆虫と植物の相互関係．大串隆之編：さまざまな共生(シリーズ地球共生系2)．平凡社，97-114, 1992.
(23) 寺本憲之：ドングリの木はなぜイモムシ，ケムシだらけなのか？（びわ湖の森の生き物2）．サンライズ出版，220p., 2008.
(24) デイビス D. R. ユッカガ類の生物学．保田淑郎，広渡俊哉，石井実編：小蛾類の生物学．文教出版，123-133, 1998.

(25) 川北篤：カンコノキを送粉するハナホソガ．広渡俊哉編：絵かき虫の生物学（環境ＥＣＯ選書3），北隆館，192-200, 2011.
(26) Montgomery SL. Carnivorous caterpillars: the behavior, biogeography and conservation of Eupithecia (Lepidoptera: Geometridae) in the Hawaiian Islands. GeoJournal, 7, 549-556, 1983.
(27) Rubinoff, D., Haines WP. Web-spinning caterpillar stalks snails. Science, 309 (5734), 575, 2005.
(28) Howarth, F. G., Mull, W. P. Hawaiian Insects and Their Kin. University of Hawaii Press, 160p., 1992.
(29) 神保宇嗣：List-MJ 日本産蛾類総目録：http://listmj.mothprog.com
(30) Banno, H. Dry Matter Budget and Food Utilization Efficiency of the Larvae of Aphidophagous Butterfly, Taraka hamada (Lepidoptera, Lycaenidae). 蝶と蛾，41 (4), 243-249, 1990.
(31) Banno, H. Population interaction between aphidophagous butterfly, Taraka hamada (Lepidoptera, Lycaenidae) and its larval prey aphid, Ceratovacuna japonica. 蝶と蛾，48 (2), 115-123, 1997.
(32) Hattori M., Kishida O., Itino, T. Soldiers with large weapons in predator-abundant midsummer: phenotypic plasticity in a eusocial aphid. Evolutionary Ecology, 27 (5), 847-862, 2013.
(33) 市川俊英，上田恭一郎：ボクトウガ幼虫による樹液依存性節足動物の捕食―予備的観察．香川大学農学部学術報告，62 (115), 39-58, 2010.

(34) 石井実．オスがいないセミヤドリガ．保田淑郎、広渡俊哉、石井実編．小蛾類の生物学．文教出版、109–115, 1998.
(35) 松井安俊、松井英子．ハゴロモヤドリガの生態その2（日本鱗翅学会第36回大会一般講演要旨）．蝶と蛾、40（4）, 267–268, 1989.
(36) 寺山守、丸山宗利．日本産好蟻性動物仮目録．蟻、30, 1–37, 2007.
(37) Narukawa, et al. Gaphara conspersa (Lepidoptera), a Tineid Moth Preying on Ant Larvae. spec. Bull. Jpn. Soc. Coleopterol., Tokyo, 5, 453–460, 2002.
(38) 島田拓．マダラマルハヒロズコガの食性について．ありんこ日記、http://blog.livedoor.jp/antroom/archives/51853645.html, 2016.
(39) 矢後勝也．シジミチョウ科幼虫の好蟻性器官．昆虫と自然、38（5）, 15–20, 2003.
(40) 黒子浩．ハチノスツヅリガとその仲間たち．保田淑郎、広渡俊哉、石井実編．小蛾類の生物学．文教出版、49–53, 1998.
(41) 広渡俊哉、松井晋、高木昌興、那須義次、上田恵介．南大東島のモズの自然巣から羽化した鱗翅類．蝶と蛾、63（3）, 107–115, 2012.
(42) 那須義次、村濱史郎、坂井誠、山内健生．日本において鳥類の巣・ペリットおよび肉食哺乳類の糞から発生したヒロズコガ（鱗翅目、ヒロズコガ科）．昆蟲．ニューシリーズ、10（4）, 89–97, 2007.
(43) Pauli, J. N. et al. A syndrome of mutualism reinforces the lifestyle of a sloth. Proc. R. Soc. B, 281（1778）, 20133006, 2014.
(44) 伊藤嘉昭編．アメリカシロヒトリ一種の歴史の断面．中公新書、188p., 1972.
(45) 羽田健三、堀内俊子．ヒガラ雛の食物および摂食量について．志賀自然教育研究施設研究業績、9,

31-43, 1971.
(46) 羽田健三：野鳥の生態と観察．築地書館、140p., 1975.
(47) Mappes, J. et al. Seasonal changes in predator community switch the direction of selection for prey defences. Nature Communications, 5, 5016, 2014.
(48) 鈴木俊貴、櫻井麗賀、吉川枝里：擬装か隠蔽か？ アゲハの幼虫における体色変化の捕食防御適応．日本生態学会第60回全国大会講演要旨、P2-307, 2013.
(49) Suzuki, T., Sakurai, R. Bent posture improves the protective value of bird dropping masquerading by caterpillars. Animal Behaviour, 105, 79-84, 2015.
(50) 阿部光典著、神奈川昆虫談話会編：昆虫名方言事典 昆虫名方言を求めて．サイエンティスト社、200p., 2013.
(51) 夏秋優：Ｄｒ．夏秋の臨床図鑑 虫と皮膚炎．学研メディカル秀潤社、200p., 2013.
(52) Sugiura, S., Yamazaki, K. Caterpillar hair as a physical barrier against invertebrate predators. Behavioral Ecology, 25（4）, 975-983, 2014.
(53) 土田浩治、浅野雄二：フタモンアシナガバチの採餌量の推定．日本応用動物昆虫学会大会講演要旨、（41）, 168, 1997.
(54) 常木勝次：狩人蜂．全集日本動物誌20．講談社、111-293, 1983.
(55) 江島正郎：モンシロチョウ（日本の昆虫6）．文一総合出版、172p.,1987.
(56) 高林純示、田中利治：寄生バチをめぐる「三角関係」．講談社、270p., 1995.
(57) 塩尻かおり、高林純示：キャベツ畑でくり広げられる複雑な生物間相互作用ネットワーク．蛋白質核酸 酵素、48（13）, 1779-1785, 2003.
(58) 本田計一：アゲハチョウ類の化学生態学．日本農芸化学会誌、64（11）, 1745-1748, 1990.

(59) Hossie, T. J. et al. Body size affects the evolution of eyespots in caterpillars. Proc. Natl. Acad. Sci. U. S. A., 112（21）, 6664–6669, 2015.
(60) 東浦康友、上条一昭．マイマイガ大発生の終息過程の死亡要因．北海道林業試験場報告、15, 9–16, 1978.
(61) 十勝毎日新聞社．マイマイガ大発生終息へ 幼虫死骸率８割超．WEB TOKACHI, http://www.tokachi.co.jp, 2010.
(62) 鎌田直人．ブナの葉食性昆虫ブナアオシャチホコの密度変動．日本生態学会誌、56（2）, 106–119, 2006.
(63) 那須義次、広渡俊哉、吉安裕編．鱗翅類学入門 飼育・解剖・DNA 研究のテクニック．東海大学出版、308p., 2016.
(64) 福田晴夫他．原色日本蝶類生態図鑑 I–IV. 保育社、1982–1984.
(65) 六浦晃他、一色周知監修．原色日本蛾類幼虫図鑑上・下．保育社、1965, 1969.
(66) 鈴木知之、横田光邦、筒井学、広渡俊哉、矢後勝也．小学館の図鑑ＮＥＯイモムシとケムシ．小学館、159p., 2018.
(67) CiNii（ＮＩＩ学術情報ナビゲータ）．http://ci.nii.ac.jp/
(68) みんなで作る日本産蛾類図鑑．http://www.jpmoth.org
(69) 幼虫図鑑．http://aoki2.si.gunma-u.ac.jp/youtyuu/
(70) 星野道夫．長い旅の途上．文藝春秋、278p., 1999.

安田 守（やすだ・まもる）

生きもの写真家。1963年京都府生まれ。千葉大学大学院修了。自由の森学園中・高の理科教員として生物などを担当。同校を退職後、写真家に。信州伊那谷を拠点に、身近な里山の昆虫など広く生物と自然を撮影している。著書に『骨の学校』（共著、木魂社）、『集めて楽しむ昆虫コレクション』（山と溪谷社）、『オトシブミハンドブック』、『冬虫夏草ハンドブック』（共著）、『イモムシハンドブック①～③』（以上、文一総合出版）、『ずら～りイモムシ』（共著、アリス館）、『うまれたよ！モンシロチョウ』（共著、岩崎書店）などがある。

デザイン・DTP／ニシ工芸
編集／椿康一

イモムシの教科書（きょうかしょ）

2019年5月5日　初版第1刷発行

著　者　安田 守
発行者　斉藤 博
発行所　株式会社　文一総合出版
〒162-0812　東京都新宿区西五軒町2-5
TEL：03-3235-7341　FAX：03-3269-1402
URL：https://www.bun-ichi.co.jp
振替：00120-5-42149
印　刷　奥村印刷株式会社

 ISBN978-4-8299-7108-6　Printed in Japan
NDC486 四六判 128 × 188mm 224P